国家林业和草原局职业教育“十三五”规划教材

室内装饰材料

巫国富　刘慧珏　李婷　主编

INTERIOR DECORATION MATERIALS

数字资源

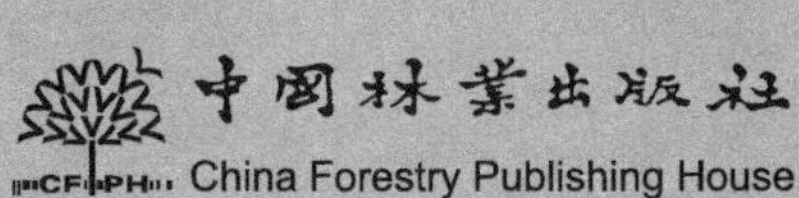

中国林业出版社
China Forestry Publishing House

图书在版编目（CIP）数据

室内装饰材料 / 巫国富主编. —北京：中国林业出版社，2021.6（2023.1重印）
国家林业和草原局职业教育“十三五”规划教材
ISBN 978-7-5219-1238-8

Ⅰ. ①室… Ⅱ. ①巫… Ⅲ. ①室内装饰—建筑材料—装饰材料—职业教育—教材 Ⅳ. ①TU56

中国版本图书馆CIP数据核字（2021）第124889号

图片二维码

中国林业出版社·教育分社

策划编辑：田　苗　　**责任编辑**：田　苗　赵旖旎
电　　话：（010）83143529　　**传　　真**：（010）83143516

出版发行　中国林业出版社（100009　北京市西城区刘海胡同7号）
电子邮件　jiaocaipublic@163.com
网　　站　http://www.forestry.gov.cn/lycb.html
印　　刷　北京中科印刷有限公司
版　　次　2021年11月第1版
印　　次　2023年1月第2次印刷
开　　本　787mm×1092mm　1/16
印　　张　8.25
字　　数　206千字
定　　价　48.00元

《室内装饰材料》编写名单

主　编：

巫国富　广西生态工程职业技术学院
刘慧珏　哈尔滨铁道职业技术学院
李　婷　湖北生态工程职业技术学院

副主编：

谢　津　广西生态工程职业技术学院
罗炳华　广西生态工程职业技术学院

参　编：

梁杜平　广州城市职业学院
衣　明　黑龙江林业职业技术学院
周　亚　广西生态工程职业技术学院
唐治云　创艺装饰集团柳州分公司

前言

随着装饰材料的日新月异，施工一线急需大量懂施工、会管理的工程技术人员，对室内装饰材料的掌握是一线技术人员必备的专业能力。人们对室内装修的质量和环境艺术效果的要求越来越高，而这些都离不开室内装饰材料。建筑室内装饰材料是集材料特性、工艺、造型设计、色彩、美学于一体的材料，是品种门类多、更新周期快、发展过程活跃、发展潜力大的一类建筑材料。建筑室内装饰材料种类繁多，据不完全统计，居室装饰材料就多达 23 类 1853 种，3000 多个牌号，10000 万多个品种。装饰材料的用途不同，性能也千差万别。随着科学技术突飞猛进的发展和改革开放的继续与深入，国内外市场上室内装饰材料日新月异、推陈出新，新型室内装饰材料层出不穷。对于室内装饰从业人员来说，必须熟悉装饰材料的种类、性能、规格、特性、变化规律和适用范围，善于在不同工程和使用条件下，正确选用不同的材料。尽可能做到“优材精用、中材广用、次材巧用、废材利用、有害材不用”。

室内装饰材料是建筑室内设计专业的必修课，作者在广泛调研的基础上，将市场上和工程中使用的各种室内装饰材料分门别类地进行了介绍，主要全面系统地介绍了国内外各种室内装饰材料的发展概况、生产原料、加工工艺、内在性能、装饰特点及其适用范围等。在介绍传统装饰材料的基础上，还介绍了很多新型室内装饰材料，并配有大量的实物图片，力求达到图文并茂，希望将重要、丰富、前沿的知识和信息传递给读者。

全书共 14 章，第 2~14 章每章介绍一类装饰材料，基本上涵盖了目前常用的室内装饰材料，是一部富有参考价值的专业书。

本书由巫国富、刘慧珏和李婷主编并负责统稿。罗炳华、谢津任副主编，参与制定编写教材大纲，设计教材的内容体系等。编写分工如下：刘慧珏、巫国富，第 1~11 章；李婷、梁杜平，第 12 章；罗炳华、衣明，第 13 章；谢津、唐治云，第 14 章。本教材可作为建筑室内设计专业学生教材，也可作为职工培训教材和从事室内装饰行业的工程技术人员学习参考。

本书得到各位朋友帮助，在此表示衷心的感谢和敬意。本教材由于编者水平有限及时间仓促，书中难免有不妥之处，敬请读者批评指正，以求不断提高教材质量。

巫国富

2021 年 6 月

目录

第 1 章
室内装饰材料概述

1.1 发展趋势

人类环境的改变、发展，在某种意义上讲，是一部材料的发展历史。人类在长期的生活和实践中，将大自然赐予人们的丰富资源进行各种物化活动。通过长期不断的生产实践和生活体验，积累了对各种材料丰富特性的认识，掌握了对材料的加工技术。从而运用材料改造生存环境，提高生活水平，搭建房屋，制作生产工具、生活器具和饰物等实用与精神并重的产品。建筑材料的发展，经过了一个很长的历史时期。天然的土石、竹木、草秸和树皮都是古代人类的主要建筑材料。约公元前三千年，西亚的美索不达米亚开始用砖砌筑圆顶和拱，而此时我国的“秦砖汉瓦”制陶技术以及木制材料构建建筑空间已闻名于世。木、石建筑材料与构造是人类最早使用的材料构造。

欧洲和美国的工业革命改变了家具和室内装饰设计中的生产方法和材料的使用。制造过程变得越来越机械化，运输能力得到提高，使工业获得丰富的原材料供应。这些变化对钢铁生产和纺织工业尤为重要，纺织工业增加了生产各种不同应用面料的能力。对人造材料（合成材料）的追求也可以追溯到这个时期。

工业革命导致从手工制品转向大规模商品生产，如陶瓷、家具、地毯和其他家用物品。用于窗帘和室内装饰装潢的壁纸和纺织品（以前用手工印刷）的生产通过机械化取代了从昆虫、叶子和花中提取的天然色素。这些变化使壁纸和纺织品大量生产，且颜色和图案更加丰富。

工业革命引发的另一个重大变化是人工照明。在烛光和煤气灯的时代，选择深色材料来掩盖火焰留下的污痕，并在室内使反光材料，如镀金和镜子来增强照明效果。到维多利亚时期结束时，许多家庭都使用了电灯，这改变了一些材料的功能和美学品质。

艺术和手工艺运动由莫里斯（1834—1896年）创立，他是一位作家、设计师和社会主义者。他相信手工制品的内在价值，在他自己的家中可以看到手工印制的墙纸，彩色丰富、作为壁挂的手工地毯。新艺术运动倡导了一种跨学科的设计方法，艺术家、设计师和建筑师在室内装饰设计和建筑方面进行合作，促进了新材料的产生。

受到新艺术运动、工艺美术运动和18世纪家具的影响。这一时期多使用华丽的材料，特别是稀有的木材。装饰艺术运动在20世纪20年代在法国获得认可，并逐渐对国际艺术和设计产生影响，特别是在英国和美国。装饰艺术参考了各种各样的设计影响，如非洲艺术、阿兹特克设计、埃及艺术和设计。1922年，霍华德·卡特发掘出了图坦卡蒙墓，这使公众对埃及造型的兴趣产生了重大刺激。这是一种艺术装饰设计的时尚方式，建筑和家具变为“埃及化的”。华丽、罕见、夸张的材料，如镶嵌的桃花心木和乌木、动物毛皮和高度涂漆的饰面，与更现代的材料，如铝和电木相结合。

现代主义建筑师和设计师接受了工业革命带来的制造变革。他们的灵感来自大规模生产和组件标准化系统，采用新材料，如混凝土、低碳钢和膨胀玻璃等。他们声称避免应用装饰，而是主张“材料真理”和“形式永远遵循功能”的学说，其中材料根据它们的功能特性和基本品质得以揭示。

结构钢和混凝土的使用意味着坚固的承重墙不再是必需品；玻璃的广泛使用导致内部和外部两者之间连接，外部成为内部的景观。

影响20世纪室内装饰设计最重要的技术发展之一是塑料及其相关材料和产品的生产。世界大战和蓬勃发展的汽车工业推动了材料和先进技术的研究和开发，如塑料注塑和胶合板的成型与黏合。这些技术为室内装饰设计和家具的设计提供了技术支撑。

20世纪六七十年代，高度发达的塑料生产爆炸式增长，艺术家和设计师测试了这些材料的潜力，这些材料被用于家具产品、服装和家用织物。塑料随时可用并且易于更换，这符合波普艺术和消费者对新产品的需求。技术和制造工艺的进步继续改变当今室内装饰设计的材料范围。

当代设计师对材料的选择会考虑全球变暖

和自然资源枯竭。然而，值得注意的是，这些问题并不是新问题，而且“绿色”议程几十年来一直影响着设计。

绿色运动和嬉皮士的出现影响了设计理念。出生于奥地利的设计师和教育家 Victor Papanek 出版了《为现实世界设计》。在书中，他探讨了对生态学的关注，也写了关于设计师的社会责任。这些环境运动的早期支持者推动了环境议程，给政府和工业带来了压力。他们的信念导致了政府政策的第一次转变，也导致了内饰产品制造商所用材料的变化。

对全球所有设计师来说，一个关键问题是他们不了解建筑和维修方法所产生的影响。建造、装修和翻修建筑物过度开采自然资源，温室气体排放以及与制造、使用和处理许多在室内装饰经常使用的产品中存在的化合物有关的健康问题，都对人类带来了巨大影响。木材特别是某些硬木树种被砍伐，制造家具的速度比树木的生长速度更快，因此一些物种可能很快就会灭绝。

1.2 室内装饰材料分类

室内装饰材料种类繁多，用途不同，性能也千差万别。随着科学技术突飞猛进地发展，室内装饰材料也是日新月异，推陈出新，新型室内装饰材料层出不穷。材料可根据其机械性能进行分类和归档，例如，强度材料根据其抗应力能力，可分为强或弱；根据施加应力与弹性应变之比，可分为刚性的或柔性的；如果一种材料在拉伸时具有塑性，则具有可延展性；韧性用于描述一种材料是坚硬的是易碎的，这与材料在断裂前吸收的能量有关；根据材料抵抗表面压痕的能力，可将其归类为硬材料或软材料。

1.2.1 按材质分类

有塑料、金属、陶瓷、玻璃、木材、纺织品等种类。

1.2.2 按功能分类

有吸声、隔热、防水、防潮、防火、防霉、耐酸碱、耐污染等材料。

1.2.3 按材料来源分类

分为天然材料、人造材料。

1.2.4 按装饰部位分类

分为墙面装饰材料、顶棚装饰材料、地面装饰材料等（表 1-1）。

表 1-1 按装饰部位分类

分类	常用的装饰材料
外墙装饰材料	花岗岩，陶瓷装饰制品，玻璃制品，外墙涂料，金属制品，装饰混凝土，装饰砂浆
内墙装饰材料	墙纸，墙布，内墙涂料，织物饰品，塑料饰面装饰板，大理石，人造石材，内墙釉面砖，人造板板材，玻璃制品，热力绝缘和吸声板
地面装饰材料	地毯，地板涂料，天然石材，人造石，陶瓷地砖，木地板，塑胶地板
顶棚装饰材料	石膏板，装饰矿棉吸声板，装饰珍珠岩吸声板，玻璃棉。铝扣板、硅钙板，装饰聚苯乙烯泡沫塑料吸声板，纤维板，涂料

1.2.5 按通用名称分类

（1）高聚物

聚合物包括天然存在的材料，如橡胶、虫胶和纤维素，还包括合成或半合成材料，如胶木、聚丙烯、尼龙和硅树脂。

聚合物可以使用热固和热塑性工艺进行操作，这些工艺使材料暂时变得更具延展性。使用这些方法加热的一些聚合物可以很容易地使用铸造、注射成型和旋转成型等技术成型；随着材料冷却，它们以新的形式硬化。聚合物也可以使用水射流和激光切割，以及使用立体光刻“层压”。这些加工方法被用来生产大量的一次性产品，如椅子、桌子等。

塑料的强度、韧性和延展性差异很大，因此需要仔细检查其对预期功能的适用性。设计师还必须意识到，一些塑料对环境有毒，尽管它们越来越多地使用100%可生物降解和有机材料（如淀粉和纤维素）进行开发。

有几十种聚合物材料可用于室内装饰，如塑料层压板、塑料覆层、塑料板材和橡胶地板。在制造过程中，可以对这些材料进行不同的表面处理，如纹理、凹痕或浮雕图案或层压表面处理；一旦聚合物形成，也可以对材料进行丝网印刷、切割、抛光，并涂上装饰或保护性表面处理。

（2）金属

金属占元素周期表中元素的75%，如锡、铅、铝、锌、钛、汞、铁、铜和钴。金属元素可以与其他金属或非金属材料（如碳）结合，形成合金。例如，铁与碳结合，形成比纯铁更硬、更高拉伸强度的钢。

虽然金属的机械性能也有很大的差异，但其强度和延展性往往很强：一些金属，如镍合金，能够抗腐蚀；钛在高温下比其他金属更坚固；铝很容易成型；铁和钢的强度可以在建筑中构建结构。

金属可以通过各种工艺形成，如铸造和成型、激光切割、面板打浆、弯管、金属纺纱和金属冲压。金属通常用于结构和覆层材料，但也用于产品设计，如五金件、固定件和紧固件（钉子、铆钉、铰链、夹具等）。设计师选择金属作为室内装饰项目的功能，是基于其美学特性，这将根据金属的固有特性而有所不同，如铜或青铜的颜色。金属的美学品质也可以通过表面处理来改变：金属可以被压制或刻痕，表面纹理和图案可以通过丝网印刷、穿孔、珠光爆破或光阻酸蚀来应用。它们可以被研磨、锤击、抛光、氧化、阳极氧化、上油，涂层可以使用电镀或粉末涂层。这些都为设计师提供了许多探索的可能性。

（3）木材和其他有机纤维

木材和其他天然材料，如竹子、软木、棉花、羊毛、丝绸和麻，是有机纤维复合材料。它们有各种各样的品质，包括强度和硬度，如果来源得到正确管理，它们可以被回收和更新；它们也有感官品质，可以吸引人，如固有的自然气味、质地和颜色。

木材可以加工成单板、复合材料板材，也可以用车床、锯子、激光切割、分离方法、木材车削和蒸汽弯曲成型。

与金属一样，不同的木材也有不同的功能和审美特征，表面处理可以改变外观，保护材料。木材可以用虫胶、清漆或油打蜡或密封（这些过程可以使木材浸透柠檬、亚麻籽或蜂蜡的气味）。可以使用钢丝棉、浮石和织物垫对其进行打磨、刮削和抛光；可以涂抹污渍和油漆，以对材料进行着色和保护；也可以涂抹油漆，以提供耐热性，并形成高光泽、缎面或哑光饰面。

（4）纸

纸或纸浆是一种多用途的材料，可以使用许多技术进行加工，如压制、成型和铸造，以创造一系列半透明和不透明的形式。同样，纸板也可以用来制造重量轻但强度高的形状。

（5）有机纱线

如羊毛、丝绸和棉花，广泛用于室内装饰设计，用于窗帘、室内装饰装潢、屏风、地毯、灯具及吸声或装饰性覆层。加工方法包括压制、成型、编织、簇绒和打结。所得织物可以缝合、固定或黏合，以形成各种形状和表面。

即使在最简单的室内装饰设计中，床和窗处理也是设计的关键组成部分，设计师需要对面料有很好的了解，才能选择耐用的东西。可供选择的范围很广，包括天然纤维（棉花、亚麻、丝绸和羊毛）、人造纤维（天然纤维经过再生和化学处理后制成的纤维）和合成纤维（丙烯酸、尼龙和聚酯），它们是作为天然纤维的平价替代品而开发的。

为了设计出实用可行的细节，包括悬挂的类型、轨道或杆，以及风格和边框的应用都应与整体房间设计一致。窗帘具有许多实用性和审美性优势，它们可以遮挡漫射光并保护隐私。设计师要了解所需的阻燃程度，在订购织物时，设计师应该给客户一份阻燃证书副本，然后保留一份副本存档。

用于制作地毯的纤维可以是天然的，如棉

花、羊毛或丝绸；也可以是人造的或合成的，包括丙烯酸纤维、聚酯、聚丙烯、尼龙。从美学和触觉的角度出发，可以与其他纤维混合，以增加它们的弹性和抗土性。羊毛是地毯的最佳选择之一，因为它具有自然的弹性和阻燃性。

（6）陶瓷

陶瓷是一种很好的材料，它具有延展性和柔韧性，可以推拉、挤压、成型、浇注和研磨。

陶瓷是一种非金属材料，可以在高温下滑动铸造、抛掷、成型、燃烧，以制造各种产品，如地板和墙砖、马赛克、陶器和洁具。陶瓷制品通常是耐潮湿和高温的。它们可以是坚固的、坚硬的、耐磨的，也往往是易碎的。陶瓷可以有纹理或光滑，防滑和抗冻，可以着色或上漆，在烧制过程中可以上釉。砖是一种主要由黏土制成的古老产品，可以用于结构的完整性。砖是模块化组件，可以铺层和黏结（如佛兰德黏结、拉伸黏结等）。其各种各样的尺寸、类型和图案，为设计提供多种可能性。可用于覆盖完整的墙壁和天花板，或制造橱柜或门。

（7）玻璃

玻璃已被用于产品、珠宝、装饰和上釉数千年。近年来，玻璃的吹制和加工方法已经扩大了产品和用途的范围。

在玻璃制造过程中，可以实现许多表面处理：金属可以添加到材料或应用到表面，以产生彩虹色或二向色效果。

玻璃可经酸蚀或喷砂处理，以形成图案并达到不同程度的半透明性；可采用 CVC 机加工切割玻璃；可添加有色颜料或使用丝网印刷或背涂进行着色。

（8）石材

天然物质，如石头（包括花岗岩、大理石和石灰石）和板岩，从土壤中提取、加工，并在建筑环境中使用。石材可采用不同尺寸的模块、石板和瓷砖形式。石头也可以凿成复杂的形状，可以铺在砂床上或黏合到水平基板上。石材层压板现在也可以使用，较薄的石材瓷砖是黏合到金属或刨花板等刚性板聚合物。

石头的功能性质有很大的不同。例如，花岗岩是一种非常坚硬的材料，并且是无孔的，它通常用作地板饰面、覆层材料或厨房和浴室的工作台。其他石材，如大理石、石灰石和板岩，可以在这些环境中使用，但它们更软，防潮性更低，因此应用和表面处理需要仔细考虑。石灰石有麻点，除非洞被填满，否则不适用有灰尘或污染的室内装饰环境。

这些材料有多种颜色（自然变化）和表面处理：抛光、凿毛、粗凿、研磨和锤击。石屑也可以与水泥或树脂基材料结合，形成水磨石等复合材料。

石头是一种耐用、高品质、昂贵的材料，但它的来源有限，不可再生。

（9）石膏

石膏通常应用于墙壁和天花板，以创造一个平坦光洁的表面，油漆或壁纸可以用于传统装饰、石膏成型或创造更现代的设计。抛光石膏特别坚硬，并提供了一种微妙的方式引入花样和纹理。

混凝土可以用于室内装饰，与适当的集料，如砾石混合。它可以作为一种包墙，甚至用作家具，但是在其制造过程中产生的污染尤其严重，对环境影响很大。

（10）动物产品

动物产品如皮革、毛皮、贝壳和骨头也被用于室内装饰设计。皮革仍然广泛用于室内装饰，可作为覆盖层和地板材料，而珍珠是用来制作装饰瓷砖。但是一些产品的贸易是非法的，如象牙，因此应提供某些动物产品的合成替代品。

（11）复合材料

许多材料也可以定义为复合材料，如钢、环氧树脂、玻璃纤维和混凝土。

现代材料通常被归类为复合材料，如使用稻壳、大豆、玉米和玉米制成的可生物降解材料生物聚合物，将聚合物与回收木粉结合的塑料木材，激光烧结材料，弹性合成材料。

这些材料和许多其他传统材料可以利用现代计算机辅助技术进行加工，以设计和制作复杂的形式。

1.3 材料的性质

1.3.1 与体积有关的性质

（1）密度

密度是指材料在绝对密实状态下，单位体积的质量。绝对密实状态的体积是指不包括孔隙在内的体积。除钢材、玻璃等少数材料外，绝大多数材料都有一些孔隙。测定有孔隙材料时，应将材料磨成细粉，干燥后，用李氏瓶测定其体积。砖、石材等都用这种方法测定其密度。

（2）表观密度

表观密度是指材料在自然状态下，单位体积的质量。材料的表观体积是指包含内部孔隙的体积。一般情况下，表观密度是指气干状态下的表观密度；而烘干状态下的表观密度，称为干表观密度。

（3）堆密度

堆密度是指粉状或粒状材料，在堆积状态下单位体积的质量。按测定散粒材料的堆密度时，材料的质量是指填充在一定容器内的材料质量，其堆积体积是指所用容器的体积，因此，材料的堆积体积包含了颗粒之间的孔隙。

（4）密实度

密实度是指材料的体积内被固体物质充实的程度。

（5）孔隙率

孔隙率是指材料的体积内，孔隙体积所占的比例。孔隙率的大小直接反映了材料的致密程度。材料内部的孔隙构造，可分为连通与封闭两种。连通孔隙不仅彼此连通而且与外界连通，而封闭孔不仅彼此封闭而且与外界相隔绝。孔隙可按其孔径尺寸的大小分为极微细孔隙、细小孔隙和粗大孔隙。在孔隙移动的前提下，孔隙结构和孔径尺寸及其分布对材料的性质影响较大。

（6）填充率

填充率是指在某堆积体积中，被散粒材料的颗粒所填充的程度。

（7）空隙率

空隙率是指在某堆积体积中，散粒材料颗粒之间的空隙体积所占的比例。空隙率的大小反映了散粒材料的颗粒之间互相填充的程度。

1.3.2 与水有关的性质

（1）含水率

含水率是指材料中所含水的质量与干燥状态下材料的质量之比。

（2）吸水性

吸水性是指材料与水接触吸收水分的性质。材料吸水饱和时的含水率称为吸水率。如果材料具有细微且连通的孔隙，则吸水率较大；若封闭孔隙，则水分不易渗入；粗大的孔隙，水分虽然容易渗入，但仅能润湿孔隙表面而不易在孔中留存。所以，含封闭或粗大孔隙的材料，吸水率较低。孔隙结构不同，各种材料的吸水率相差较大。如花岗岩等致密岩石的吸水率仅为0.5%~0.7%，普通混凝土的吸水率为2%~3%，黏土砖的吸水率为8%~20%，而木材或其他轻质材料的吸水率则常大于100%。

（3）吸湿性

吸湿性是指材料在潮湿空气中吸收水分的性质。吸湿作用一般是可逆的，也就是说材料既可吸收空气中的水分，又可向空气中释放水分。材料与空气湿度达到平衡时的含水率称为平衡含水率。吸湿对材料性能也有显著影响。例如，木门、窗在潮湿环境中往往不易开关，就是由于木材吸湿膨胀而引起的。而保温材料吸湿含水后，热导率将增大，保温性能会下降。

（4）材料的耐水性

耐水性是指材料抵抗水的破坏作用的能力。耐水性应包括水对材料的力学性质、光学性质、装饰性等多方面性质的劣化作用。习惯上将水对材料的力学性质及结构性质的劣化作用称为耐水性，也可称为狭义耐水性。水分子进入材料后，由于材料表面力的作用，会在材料表面定向吸附，产生劈裂破坏作用，导致材料强度有不同程度的降低。同时，水分进入材料内部后，也可能使某些材料发生吸水膨胀，导致材料开裂破坏。即使致密的岩石也不能避免这种影响。例如，花岗岩长期在水中浸泡，强度将下降 3% 以上。普通砖、木材等与水接触后，所受影响则更大。软化系数的范围在 0~1。软化系数的大小，是选择耐水材料的重要依据，长期受水浸泡或处于潮湿环境中的部位，应选择软化系数在 0.85 以上的材料来装饰。

（5）抗渗性

抗渗性是材料抵抗压力水渗透的性质，渗透系数越小，抗渗性也越好。

1.3.3　与热有关的性质

（1）导热性

导热性是指当存在温度差时，热量由高温一侧通过材料传递到低温一侧的能力，材料的热导率越小，保温隔热性能越好。

（2）温度稳定性

温度稳定性是指材料在受热作用下保持其原有性能不变的能力。通常用其不致丧失保温隔热性能的极限温度来表示。

1.3.4　材料的强度

材料的强度是指材料在外力作用下，抵抗破坏的能力。当材料受外力作用时，其内部将产生应力，外力逐渐增大，内部应力也逐渐增大，直到材料结构不再能够承受时，材料破坏，此时材料承受的极限应力值，就是材料的强度。材料强度分为：抗压强度，抗拉强度，抗弯强度，抗剪强度。

相同种类的材料，随着其孔隙率构造特征的不同，各种强度也有显著差异。一般来说，孔隙越大的材料，强度越低。不同种类的材料，强度差异很大。石材、混凝土和铸铁等材料的抗压强度较高，而抗拉强度及抗弯强度较低。木材的抗拉强度高于抗压强度。钢材的抗拉、抗压强度都很高。

1.3.5　材料的弹性与塑性

材料在外力作用下产生变形，当外力除去后变形随即消失，完全恢复原来形状的性质称为弹性。这种可完全恢复的变形称为弹性变形。材料在外力作用下，当应力超过一定限值时产生显著变形，但不产生裂缝或断裂，外力取消后，保持变形后的形状和尺寸的性质称为塑性。这种不能恢复的变形称为塑性变形。

1.3.6　材料的脆性与韧性

当外力达到一定限度后，材料突然破坏，且破坏时无明显的塑性变形，材料的这种性质称为脆性。在冲击、振动荷载作用下，材料能够吸收较大的能量，不发生破坏的性质称为韧性。

1.3.7　材料的耐久性

材料的耐久性是指材料在使用中，抵抗其自身和环境的长期破坏作用，保持其原有性能而不坏、不变质的能力。材料的耐久性是一项综合性质，一般包括耐水性、抗冻性、耐腐蚀性、抗老化、耐热性、耐溶蚀性、耐摩擦性、耐光性、耐污染性、易洁性等多项。对室内装饰材料而言，主要要求材料的颜色、光泽、外形等不发生显著变化。建筑室内环境复杂多变，装饰材料所受到的影响因素也各不相同，这些因素单独或共同作用于材料，可形成化学的、物理的和生物的破坏作用。

1.3.8　材料的辐射指数

材料的辐射指数所反映的是材料的放射性强度。有些建筑材料在使用过程中会释放出一些放射性物质，这是由于这些材料所用原料中的放射性核素含量较高，或是由于生产过程中的某些因素使得这些材料的放射性活度被提高。当这些放射线的强度和剂量超过一定限度时，就会对人体造成损害。特别需要注意的是，由建筑材料这类放射性强度较低的辐射源所产生损害属于低水平损害（如引发或导致遗传性疾病），且这种低水平辐射损害的发生率是随剂量的增加而增加的。因此，在选择材料时，应注意其放射性，尽可能将这种损害降至最低限度。

1.3.9 与感官有关的性质

传统上，“感官”指的是视觉、嗅觉、触觉、味觉和听觉。除了这些熟悉的感官之外，还有许多其他感官，包括运动感、平衡感、本体感受或自我意识、舒适感、敬畏感等。

科学已经证明，感官之间存在着复杂的交叉，例如，我们用眼睛“触摸”，用鼻子“品尝”，用皮肤“看”和“听”。在使用材料时，设计者应考虑材料的感官质量以及材料在三维空间中使用时营造的氛围。对材料的感官品质的考虑将有益于用户，也可以改善空间的包容性。例如，使用触觉表面或在视觉上与门的材料形成对比的材料可以改善视力障碍人士的体验；材料的声学特性可能会增强或损害听力不佳者的体验；走廊和坡道的宽度以及使用的地板饰面可以减轻或阻碍轮椅或婴儿车的使用。

（1）颜色

材料的颜色取决于三个方面：材料的光谱反射；观看时射于材料上的光线的光谱组成；观看者眼睛的光谱敏感性。

以上三个方面涉及物理学、生理学和心理学。但三者中，光线尤为重要，因为没有光线就看不出颜色。在选择和定位材料时，设计师应仔细考虑颜色的色调以及它对室内装饰的影响，例如，让天花板看起来更低，房间更窄或更长。

（2）光泽

光泽是材料表面方向性反射光线的特性，在评定材料的外观时，其重要性仅次于颜色。光线射到物体上，一部分被反射，另一部分被吸收，如果物体是透明的，则一部分被物体透射。被反射的光线可集中在与光线的入射角相对称的角度中，这种反射称为镜面反射。被反射的光线也可分散在所有各个方向中，称为漫反射。漫反射与上面讲过的颜色以及亮度有关，而镜面反射则是产生光泽的主要因素。光泽对形成于表面上的物体形象的清晰程度，即反射光线的强弱，起着决定性的作用。不同的光泽度，可改变材料表面的明暗程度，并可扩大视野，造成不同的虚实对比。材料表面越光滑，则光泽度越高。材料表面的光泽可用光电光泽计来测定。

（3）透明性

材料的透明性是光线透过材料的性质。一般材料分为透明体（透光、透视）、半透明体（透光但不透视）、不透明体（不透光、不透视）。例如，普通门窗玻璃大多是透明的，而磨砂玻璃和压花玻璃等则为半透明的。

（4）质感

质感是材料的表面组织结构、花纹图案、颜色、光泽、透明性等给人的一种综合感觉。由于材料所用的原料、组成、配合比、生产工艺及加工方法不同，表面组织具有多种多样的质地特征，如钢材、陶瓷、木材、玻璃、纺织物等材料在人的感官中的软硬、轻重、粗犷、细腻、冷暖等感觉。组成相同的材料可以有不同的质感，如普通玻璃与压花玻璃、镜面花岗岩板材与剁斧石。相同的表面处理工艺，常具有相同或类似的质感，但有时并不完全相同，如人造花岗岩、仿木纹制品，一般材料都没有天然的花岗岩和木材亲切、真实。视觉上的质感还依赖于光影效果和距离远近。

（5）味道

在选择材料时，空间“味道”不太可能成为设计师的首要考虑因素。然而，嗅觉是一种原始的感觉，可以作为一种长期的记忆辅助；它可以是非常令人回味的，提醒我们多年前可能发生的空间体验。

婴儿时期，我们的嗅觉、味觉和口腔感觉被用来构建我们对世界的理解。所有材料和物体都是通过鼻子和嘴巴来探索，感知气味、味觉和触觉。随着我们的成长和其他感官的发展，这些本能行为变得不那么重要了，然而，它们仍然是阅读和解释我们环境的有效方法。

（6）声环境

可以操纵空间内的材料的声学质量以增强声音的传输或吸收。硬质材料可用于反射声音，并创造声学共鸣的房间。穿孔材料、织物和地毯可用于软化和吸收声音，选择的材料不同，声音的质量将大不相同。室内装饰就像大型乐器，收集声音，放大声音，将声音传输到其他地方。这与每个房间特有的形状以及它们所含材料以及这些材料的应用方式有关。

可以选择材料以优化空间相对于其功能的声学体验。例如，礼堂具有非常特殊的声学要求，其中形式和材料被设计成反射、投射和吸收语音、歌曲和音乐。当音乐家谈到表演空间时，他们通常指的是空间的声学品质。在家庭内部或办公室，可能需要提供“声音隔离”，因此材料应适于吸收和包裹声音以保持隐私。

1.3.10　环境属性

随着新技术和能源供应（如化石燃料）的发展，工业革命给人类带来了前所未有的力量。人们不再如此依赖自然力量，或者对陆地和海洋的变迁如此无助。材料的供应商和生产者一直关注经济增长，而忽略了制造过程中更广泛的责任问题。消费者购买商品，更关注产品的价格而非制造时产生的废物及其对人类发展产生的不良影响。此外，现在已知许多材料和产品的含有毒性，可能导致哮喘、过敏、出生缺陷、基因突变和癌症。有限的自然资源被耗尽，全球大气和环境受到污染，动物和人类的身体和情感受到损害。

1.3.11　主观特性

除了经验、客观属性外，材料也可能具有主观属性，这些主观属性来自一个人的经验和情感反应，或者来自社会、政治或文化结构的理解。

在选择室内装饰材料时，设计师需要考虑超出基本要求（材料的物理特性）的因素，并考虑其主观特性，例如，把塑料等同于廉价的玩具，把黄金等同于财富，把精美的珠宝和木头等同于工艺和传统。理解材料中包含的这些含义是很重要的。材料可以用来象征等级、权力和地位。

1.4　室内装饰材料设计

1.4.1　材料设计前准备

以下概括介绍了设计项目初始阶段的工作，包括客户关系、方法和信息的整理。它描述了设计师如何利用研究来激发创新的想法，然后开发这些想法，设计师绘制草图，运用色彩和纹理来制作令人兴奋的方案，寻找独特的家具、装饰物品或细节来定制他们的作品。设计前的工作涉及大量的信息收集和方法，项目将以此为基础。这个过程从客户端开始。设计师可以通过多种方式表示和传达记录观察的过程。

（1）与受众沟通室内装饰材料的使用和应用开发设计方案，向受众传达意图，包括客户、居住者、承包商和安装人员。

（2）当传达视觉质量和所选材料的属性时，可以使用诸如手绘草图、透视图和轴测图之类的附图。设计师还可使用模型、计算机生成的图像和动画以及材料样本。手绘透视图通常是将早期概念传达给客户的最有效方式。

图 1–1　手绘草图

（3）为了配合这些视觉图像和工件，需要更精确的计划来定位材料。利用技术细节图以描述如何组装和构造材料。在项目的施工阶段，材料也可能需要以书面形式描述。此书面文件通常被称为规范，包括：将在空间中使用的材料清单，材料如何完成和组装，以及需要解决的特殊问题。

可以使用许多不同的方法对材料进行分组

和描述。它们可根据其组成部分进行分类，即天然、合成、复合等；或根据其可能的应用或功能要求进行分类，即墙壁、地板、天花板等。还有许多其他方法可对材料进行归档和分类，如科学、感官或美学，这些方法可能会挑战设计师的传统做法。不同的材料类型也使用一系列传统和现代工艺制造和完成。

有许多制造商和供应商可以提供设计师实践库中收集的材料信息和样本。此外，设计师还可以访问已建立的档案和材料库、书籍和网络，以寻找灵感。这些图书馆和档案馆通常可以将科学的材料生产与创新设计联系起来，寻找新的可能性和解决方案。

1.4.2 装饰材料设计流程

装饰材料设计过程是对项目的分析和理解，在这个阶段，进行可行性研究提案。因此，可能需要对解决方案进行评估和改进。在商定明确的方向和设计概念之前，客户、设计者和其他顾问的这种非线性迭代过程可以重复多次。设计流程包括传达客户的品牌、价值和身份；使用材料的可持续方法；通过选择材料创造氛围。

（1）项目简介

大多数室内装饰设计项目都以项目简介开始，描述客户的空间需求。通过设计、讨论和辩论的迭代过程进行分析和改进。在较小的项目中，这个过程可以是客户和室内装饰设计师之间的简单对话。在大型项目中，该过程可能包括其他专家顾问的加入，如结构工程师，机械、电气和环境工程师，照明设计师，平面设计师，成本顾问和项目经理。设计师的工作就是帮助客户定义他们的愿景。在这种情况下，设计师可以自由地为客户提出创新的解决方案，选择材料和颜色，创建特定的氛围。

客户可以指定设计师。设计师能够与客户同感，可能拥有公认的风格或使用符合客户的价值观，他们阅读、解释和扩展客户的需求，向客户提交报告，根据简报提出建议以赢得项目。在此过程中，设计师将展示他们将客户的形象或品牌转化为创新空间设计的能力。所选择的材料和图像可能与客户价值相对应，如强度、开放性。

（2）运用材料强化品牌标识

设计师经常需要考虑如何通过选择颜色和材料来强化品牌标识。设计师横向思考材料选择以及如何使用它们来创建特定图像或加强现有品牌。

● 如何在内部使用这些材料？

● 它们对您选择的品牌有何意义？

● 重新考虑您对问题的回答，试图避免明显的答案或陈词滥调。分析材料的现有用途。

● 选择并访问具有对比功能的两个现有建筑物（最好具有一些设计价值），如医院和高端零售店。尝试识别每个建筑物中用于相同功能的材料，如墙壁、地板、扶手、天花板等。比较材料的美学、功能和技术特性。有什么相同点和不同点？

● 确定已指定材料的任何明显问题，是否有明显的清洁或维护问题？

● 如何改进材料规格？

● 反思您的研究，并确定任何可以告知您的重要发现。

该提案应概述项目的各个阶段，并细分服务的项目费用。此外，还应包括详细的业务条款和条件。

（3）信息组装

一旦客户同意了建议，设计师就可以开始下一阶段的信息组装，作为创造过程的基础，

首先进行现场测量，应该尽可能全面。在项目开始时多花几个小时在这方面，可以节省在现场察看细节或跟踪更多信息的时间。除了这些实际任务外，现场的时间可以花费在“体验”空间的气氛和体积上，这有助于设计师在整体上的创造性。设计师必须对现有场地进行彻底调查，并使用绘图和摄影记录主建筑的材料。然后，设计师可以构思并对材料做出明智的决策。除了照片，还要制作空间草图并开始记录材料质量（颜色、纹理、光线和材料关系），添加分析说明。使用思维导图、图表、草

图、文字、概念和空间模型、杂志和书籍中的图像、颜色样本、产品目录、家具目录，当然还有材料本身的样本，通过设计整合体现设计师的思想，以找到满足设计要求的解决方案。

其次考虑材料成本、建筑质量（材料组装方式）和项目建造速度之间的平衡。如果优先考虑速度，那么质量可能需要降低，项目成本会降低；如果质量是重中之重，那么内饰可能需要更长的时间来建造并且成本更高。

在选择材料之前，设计师需要了解客户的优先事项。如果客户的简报描述了一系列“推出”项目的快速计划，那么设计师需要检查所选材料的可用性，以确保它们能够在预算内按时交付。有时，这个过程将涉及建筑承包商，以确保其能够在足够的时间内分包不同的工程，以允许分包商购买和组装材料。

除了现有建筑的特征外，设计师还必须考虑项目的地理位置（城市、郊区或农村），相关气候（炎热、寒冷、干旱、潮湿等），当地的建筑传统，材料的使用和来源。当地社区及其文化和宗教情况都是影响所选材料类型的重要因素。

最后在此阶段，设计人员将开始对所选材料进行严格分析，并评估材料质量及其在各种应用中的适用性。包括在项目的整体背景下（材料和美学）考虑材料的属性以及材料细节，如并置、接头和连接，固定和紧固，装配和构造。

1.5　绿色建筑材料与设计

1.5.1　绿色建筑评估体系

1987 年，联合国提供了最常用的可持续发展定义：“在不损害子孙后代满足能力的情况下满足当代人的需要。”在联合国的定义中确定了两个有趣的概念：一是公平和公正的代际分配，二是生态系统的跨时间保护。如果要满足今世后代的需要，两者都是必要的。

从我国家装市场的现状来看，整个家装行业从装饰设计到施工，从硬装到软装，存在着能源与资源浪费、对环境的破坏现象非常严重，一方面是因为我国整体的环保意识薄弱，保护环境、节约资源的自觉性还不够高；另一方面更与我们现阶段还缺乏一个系统的绿色家装评价体系与方法有关。因此，引入国外家装领域相关评价办法，借鉴国内建筑行业绿色建筑评价标准，建立适合家装行业的标准、操作性强的绿色家装设计评价标准显得非常必要。

绿色环保相关体系可持续设计准则的研究和开发，适用于可持续地加强所涉及的设计、制造和相关活动，涉及如“生态”设计、“绿色”品牌和“绿色”消费主义主题领域。

1.5.1.1　国外评估体系

美国能源及环境设计先导（Leadership in Energy and Environmental Design，LEED）评价体系是美国结合英国经验和自身的建筑特点所提出的绿色建筑评价标准。LEED 评价体系涵盖建筑各方面，如室内环境、材料都是 LEED 评价的范围。绿色装饰材料是 LEED 重要的评价标准之一。LEED 体系目前被认为是世界上最具影响力的评价体系之一，其认证机构实现对建筑的整体评价，加强推动建筑行业中绿色建筑的竞争力，真正做到保护环境、节约能源和可持续发展。美国的 LEED 评价体系属于商业机构，经过演变和完善，其操作流程更加完善和透明，世界各地的项目都可以进行申请评价，其评价机制几乎与政府行为完全脱离，保障了 LEED 的独立性；LEED 是非政府行为，也决定了其评价的自愿性。具体认证等级主要包括以下四个等级：

- 认证级：满足至少 40% 的评估要点要求；
- 银级：满足至少 50% 的评估要点要求；
- 金级：满足至少 60% 的评估要点要求；
- 白金级：满足至少 80% 的评估要点要求。

1.5.1.2　国内的绿色环保体系

我国绿色建筑设计从 20 世纪开始探索之旅，起步虽然稍晚于欧美发达国家，但借鉴其成功的经验也建立了国内的绿色建筑评估标准。到目前为止我国先后制定并出台了 20 多个关于绿色建筑的行业规范文件。

《民用建筑节能设计标准采暖居住建筑部分》（JGJ 26—1995）、《夏热冬冷地区居住建筑节能设计标准》（JGJ 134—2001）、《夏热冬暖地区居住建筑节能设计标准》（JGJ 75—2003）和《公共建筑节能设计标准》（GB 50189—2005）是这些标准的核心。与绿色建筑相关的评价体系也逐步完善，尤其是近年来随着我国的专家学者对于绿色建筑的研究不断加深，同时借鉴欧美发达国家的绿色建筑评价体系，我国绿色建筑的评价体系的建立与完善取得了可喜的成绩。当前，我国绿色建筑的评价体系主要包括以下几种。

（1）《中国生态住宅技术评估体系》（CEHRS）

由工商房地产商会组织，国内外建筑和生态专家商讨编写。2001 年发布，作为国内第一个生态住宅评价标准。标准参考美国 LEED 评价体系，也结合了中国的国情，涉及建筑的材料、环境、节能等各方面。

（2）《绿色建筑评价标准》（ESGB）

《中华人民共和国绿色建筑评价标准》（以下简称《绿色建筑评价标准》），从节能环保和宜居性考虑，对绿色建筑的条件和评价办法做了全面要求，是我国现有的规范和标准中与家装领域最为相关的，最有参考价值。在绿色设计方法研究中借鉴《绿色建筑评价标准》评价体系和方法将帮助我们分析和梳理家装纷繁复杂的各类问题，让问题变得系统、富有调理、可操作性强。

《中国绿色建筑评价标准》2006 年由建设部颁布实施，并在 2019 年重新编撰。从节能环保和宜居性考虑，对绿色建筑的条件和评价办法做了全面要求，并提出遵循因地制宜的原则，结合当地环境对建筑从环保性和人的宜居性两个角度出发进行评价，由七个环保评价指标组成，通过评分对建筑进行分级，有一星级、二星级、三星级三个等级，对应不同的环保等级。对建筑的评价主要从节能、节材、节地、节水、保护环境等方面展开。

（3）《生态住宅环境标志》认证技术标准（PEH）

国家环保总局在 2007 年出台此标准，旨在降低住宅建筑对环境的污染，也能提高中国的建筑水准，从场地、材料、室内、节能、水环境等角度编写。

（4）《香港建筑环境评估标准》（HK-BEAM）

此标准借鉴了英国 BREAM 的体系，由香港理工大学编制发布，对建筑材料、室内环境、能源、创新与性能、场地等几方面综合评价。

1.5.2 绿色室内声环境设计

1.5.2.1 声污染分析

声污染分为室内噪声和室外噪声两种。室外噪声包括交通、工业、建筑、生活等噪声，其中交通噪声排首位，其次是工业噪声，如果工厂离居民区近，噪声会很严重。生活噪声如孩子的嬉闹、广场舞、店铺的音乐、喇叭声，甚至是楼上的桌椅拖动、邻居家的电视声音。室内噪声如抽油烟机、吸尘器、洗衣机、排气扇、空调、冰箱等家用电器在运行时的噪声，水管道、马桶等抽水声。

人们以为声污染远没有空气污染严重，其实，研究表明，两者带来的危害不相上下。噪声干扰人的生活，对人的身心健康危害很大。世界卫生组织规定，噪声不能超过 70dB。否则会影响人的听力，造成心脑血管疾病。长期的噪声会导致人心律失常、心肌受损；对人的心理造成不良影响，让人疲惫，易怒、易暴躁，神经功能紊乱，甚至精神障碍。

1.5.2.2 声环境设计方法

解决噪声的办法，一是从声源控制，二是从传播途径控制。室内的墙体、天棚等选择隔声材料，如发泡壁纸、壁布、木质护墙板，都可以吸收噪声，卧室采用地毯、布艺、窗帘，窗户采用密封性能好的，都可以降噪、隔声。同时要考虑空间的分区和布局，动静区分离，休息区远离噪声源，同时采用吸声材料。卧室和书房尽量远离客厅和厨房，以免受到噪声的干扰。

为了降低室外噪声传播，可以安装双层甚至三层的玻璃，尤其是临街的。也可以采用隔声镀锌钢门，门的中间层做隔声设计，内部有隔声棉，经过特殊密封处理，达到良好的隔声效果。

1.5.3 新型节能环保建材

在建筑材料和室内装饰材料领域，新型节能环保材料已经成为时尚和时代的需求。

1.5.3.1 室内污染物及来源

（1）污染物质和污染物来源

一般来说，大多数无机装饰材料是安全和无害的，例如，龙骨及其附件、普通截面材料、地砖和玻璃等。而复合材料中的有机材料、人工材料和一些合成材料在一定程度上对人类健康有危害，其中大部分是多环芳烃，如苯、苯酚、蒽、醛以及它们的衍生物。它们释放出强烈的刺鼻气味，给人的身体和精神造成不同程度的影响。

装修工程中常见的污染物包括甲醛、总挥发性有机化合物（TVOC）、氨、氡、苯五类，其中甲醛最危险。这些污染物有三个来源：一是建筑物本身的污染，冬季施工中混凝土防冻剂中含有氨化物；二是装饰材料中的污染物，如胶合板、地板和刨花板等，油漆、涂料、地板和岩体（如花岗岩和大理石）等，特别是不合格的材料带来更多的污染；三是家具带来的污染物，如由人造板、胶黏剂和填料制成的纺织沙发。

（2）室内污染的主要危害

装修污染被列为对人们危害最大的五大环境问题之一，室内空气污染直接危害人体健康。有关部门已证明，目前68%的装饰材料是有毒的，产生300多种挥发性有机化合物，引起30多种疾病。最脆弱的是老人和孩子。这些污染物长期侵入人体可能会对人体产生以下副作用。

①对眼睛、鼻子、喉咙和皮肤有害，并可能引起疲劳、头痛和呼吸困难等症状，从而导致过敏，肺、肝功能障碍和免疫功能异常（降低人体抗病性）。

②可能损害人体造血功能，诱发癌症、白血病和胎儿畸形。

③具有明显的致突变性，可引起人体肿瘤，并对人的神经行为功能造成典型的损伤。国际癌症调查中心认为苯是一种剧毒致癌物，对皮肤和黏膜有局部刺激作用，如果吸入或被人体吸收，可能导致中毒。

目前，住宅装修工程主要遵循《民用建筑工程室内环境污染控制规范》（GB 50325—2020）、《室内装饰装修材料有害物质限量》（GB 18583—2001）。为了控制室内装饰材料中的有害物质对室内环境的污染，保证消费者的身心健康，国家出台相关标准，不符合国家标准的产品不再允许在市场上销售。

1.5.3.2 常见环保室内装饰材料

（1）水性木器漆

目前，市场上的木材涂料主要有三种：聚氨酯、硝酸盐和水性涂料。聚氨酯和硝酸盐涂料是传统产品，价格低，需要较短的工程时间。因为它们释放出大量的危险物质，逐渐被水性木器漆所取代，水性木器漆于20世纪90年代初问世，传统的木器装饰大多采用溶剂型涂料，如硝酸盐、聚氨酯涂料等，在木器上涂刷时，涂层会释放大量有毒有害溶剂和游离TDI，有些甚至含有重金属。这些物质严重损害了人们的健康，污染了生活、工作和学习环境。水性木器漆在环保方面取得了长足的进步。以水为稀释剂，无毒无味，对环境无污染，对人无危害。而且具有耐水、耐磨损、耐酸碱、耐用、省力、干燥快、使用方便、涂膜光滑光亮等特点。

水性涂料分为三种体系：乳液体系、水分散体系和水溶液体系。在乳液体系中，水作为连续相，聚合物不溶于水，以表面活性剂为分散相形成乳液，其薄膜主要是由不同直径的乳液颗粒堆积和层压形成的。在水分散体系（又称减水体系）中，水作为连续相，表面活性剂使用较少或不使用，具有一定的亲水性，以分散的形式存在。水溶液体系是均匀的，其中聚合物被转化为离子聚合物，并通过成盐法溶于水。目前，市场上的水性涂料主要是乳液体系和水溶液体系类型。

（2）矿物棉隔声板

市场上有许多种用于防水、隔声和装饰的天花板材料。矿棉隔声板是一种新型环保室内材料，为悬吊天花板设计，以矿物棉为主要原料。矿物棉是一种由炉渣在高温下熔融而成的絮凝体，用超离心机纺丝。它是由废物制成的，无害，无污染。其特点如下：

①声学性能良好　矿物棉隔声板是一种具有无数纤维微孔的多孔材料。当声波撞击其表面时，部分被反射，部分被板吸收，部分通过板进入背面的空腔，从而大幅降低了声音反射，有效地控制和调整了内部回波时间，降低了噪声。

②装饰风格多样　矿物棉隔声板具有丰富的表面工艺风格，创造了强烈的装饰效果。针织板，被称为“毛毛虫”，其表面完全膨胀带有不同深度、形状和直径的孔。另一种叫作“星际”的洞，其表面有不同直径和深度的洞。

③重量轻　一般控制在350~450kg/m^{2}以内，降低了建筑物的自重，使人们感到安全和舒适放松。

④保温防火性能高　其平均导热系数小，保温隔热，以矿物羊毛为主要原料，熔点可达1300℃，所以它是高度耐火的。

⑤安装方式多样　矿物棉板吊顶有多种结构类型，有配套龙骨和不同类型安装形式，例如，外露龙骨悬挂安装，便于检查、更换木板和修理管道，安装工作简单快捷；复合粘贴悬挂安装，在同一表面和空间上实现多个图案灵活组合，创造良好的热绝缘性能；隐藏插入悬挂安装，没有龙骨暴露，可以自由打开，以满足用户的要求。

（3）柔性吊顶

柔性吊顶系统是一种绿色环保软过滤吊顶装饰材料。有不同的品质和颜色，提供智慧、优雅的设计和灵感，可突出室内装饰效果，重量在180~320g/m^2。

由于其良好的灵活性，它可以免费定制模具和设计，并应用于诸如曲线轮廓和开放景观等地方。柔性吊顶适用于以下场所：商业、娱乐、工业场所，餐厅，游泳池，住宅，办公场所，医院，学校和公共大厅。

其产品优点，一是使用中安全耐用，吊顶平直度高，均匀性好，防震，无表面裂纹或脱落现象，燃烧性能为B1级，颜色多，表面带状光滑，自由模塑，可用于个性化的原创。二是有益于健康，抗细菌和抗真菌，没有排放危险气体，是医院、家庭和餐厅的理想装饰材料。

（4）泡沫玻璃

泡沫玻璃是一种新型的环保建筑材料，具有保温隔热和吸声性能，以碎玻璃和天然熔岩为主要原料，添加发泡剂和添加剂，并通过破碎和高温发泡成型加工而成。以其无机硅酸盐特性和独立的封闭微孔结构，具有传统保温隔热材料的优良性能，广泛应用于石油化工、轻工、冷藏、建筑、环保等行业。它具有体积重量低，强度高，导热系数小，不吸湿，密闭，不可燃，防鼠，防虫，耐酸碱（氢氟酸除外），易加工，无变形等特点。

（5）低排放装饰材料

低排放装饰材料是指对人体健康无害的微毒装饰材料，其有毒有害物质受加工合成技术控制，积累和释放缓慢，如胶合板、纤维板、地板等。甲醛释放量低，符合国家标准。

（6）纳米材料

纳米技术是材料科学中最重要的研究领域之一，是指在原子或分子水平上开发和操纵合成材料。

纳米技术支持的材料和工艺产生的产品比传统材料更小、更轻、更强、更便宜。例如，碳纳米管（CNT）是超强韧、有弹性的材料，将来可以用来取代钢和混凝土，创造轻质结构。纳米管可以用来创造薄纱结构，使空间领域远远超出我们想象的范围。纳米技术也开始为室内装饰使用的智能材料的发展提供信息。

复习与思考

1. 简述室内装饰材料的分类。
2. 简述室内装饰材料的主要特性。
3. 简述室内装饰材料的设计方法。
4. 室内装饰绿色材料主要有哪些？
5. 简述室内装饰材料的发展趋势。

第2章 石材

建筑室内装饰石材包括天然石材和人工石材两类。天然石材是一种有悠久历史的建筑材料，河北赵州桥和意大利比萨斜塔均为天然石材建造的。天然石材具有强度较高、硬度较高、耐磨、耐久等特点，而天然石材经表面处理，表现出的美丽色彩和纹理，具有极强的装饰性。从20世纪80年代起人造石出现，装饰用石材的家族更加庞大，石材的加工制作工艺越来越先进，石材在建筑及装饰中的应用也越来越广泛。特别是人造石材，无论在材料加工生产、装饰效果和产品价格等方面都显示了其优越性，成为一种有发展前途的建筑装饰材料。

2.1 天然石材

2.1.1 分类

天然石材来自岩石，各种造岩矿物在不同的地质条件下，形成不同类型的岩石，通常可分为三大类，即火成岩、沉积岩和变质岩，它们具有显著不同的结构、构造和性质。

2.1.1.1 火成岩

火成岩又称岩浆岩，它是因地壳变动，熔融的岩浆由地壳内部上升后冷却而成。火成岩是组成地壳的主要岩石，按地壳质量计量，火成岩占地壳总质量的89%。火成岩根据岩浆冷却条件的不同，又分为深成岩、喷出岩和火山岩三种：深成岩是岩浆在地壳深处，在很大的覆盖压力下缓慢冷却而成的岩石，其特性是：构造致密，堆密度大，抗压强度高，吸水率小，表观密度及导热性大；抗冻性好，耐磨性和耐久性好；由于孔隙率小，因此可以磨光，但坚硬难以加工。如花岗岩、正长岩、辉长岩、闪长岩等。喷出岩是熔融的岩浆喷出地表后，在压力降低、迅速冷却的条件下形成的岩石，如建筑上使用的玄武岩、安山岩等。当喷出岩形成较厚的岩层时，其结构致密特性近似深成岩，形成的岩层较薄时，由于冷却快，多数形成玻璃质结构及多孔结构，近于火山岩。工程中常用的喷出岩有辉绿岩、玄武岩及安山岩等。火山岩又称火山碎屑岩。火山岩是火山爆发时，岩浆被喷到空中，经急速冷却后落下而形成的碎屑岩石，如火山灰、浮石等。火山岩都是轻质多孔结构的材料，其中火山灰被大量用作水泥的混合材，而浮石可用作轻质骨料，以配制轻骨料混凝土用作墙体材料。

2.1.1.2 沉积岩

沉积岩又称水成岩。沉积岩是露出地表的各种岩石（火成岩、变质岩及早期形成的沉积岩），在外力作用下，经过风吹搬迁、流水冲移而沉积和再造岩等作用，在离地表不太深处形成的岩石。沉积岩为层状构造，其各层的成分、结构、颜色、层厚等均不相同，与火成岩相比，其特性是：结构致密性较差，堆密度较小，孔隙率及吸水率均较大，强度较低，耐久性也较差。建筑中常用的沉积岩有石灰岩、砂岩和碎屑石等。

机械沉积岩风化后的岩石碎屑在流水、风、冰川等作用下，经搬迁、沉积、固结（多为自然胶结物固结）而成。如常用的砂岩、砾岩、火山凝灰岩、黏土岩等。此外，还有砂、卵石等（未经固结）。化学沉积岩由岩石风化后溶于水而形成的溶液、胶体经搬迁沉淀而成。如常用的石膏、菱镁矿、一些石灰岩等。生物沉积岩由海水或淡水中的生物残骸沉积而成。常用的有石灰岩、硅藻土等。沉积岩虽仅占地壳总质量的5%，但在地球上分布极广，约占地壳表面积的75%，加之藏于地表不太深处，故易于开采。沉积岩用途广泛，其中最重要的是石灰岩。石灰岩是烧制石灰和水泥的主要原料，更是配制普通混凝土的重要组成材料。石灰岩也是修筑堤坝和铺筑道路的原材料。

2.1.1.3 变质岩

变质岩是地壳中原有的岩石（包括火成岩、沉积岩和早先生成的变质岩），由于岩浆活动和构造运动的影响，原岩变质（再结晶，使矿物成分、结构等发生改变）而形成的新岩石。其中沉积岩变质后性能变好，结构变得致密，坚实耐久，如石灰岩（沉积岩）变质为大理石；而火成岩经变质后，性能反而变差，如花岗岩

（深成岩）变质成的片麻岩，易产生分层剥落，使耐久性变差。

一般，由火成岩变质成的称为正变质岩，由沉积岩变质成的称为副变质岩。按地壳质量计，变质岩占65%。建筑中常用的变质岩有大理岩、石英岩和片麻岩等。

2.1.2 天然岩石的结构与性质

2.1.2.1 岩石的结构

大多数岩石属于结晶结构，少数岩石具有玻璃质结构。二者相比，结晶质的岩石具有较高的强度、韧性、化学稳定性和耐久性等。岩石的晶粒越小，则岩石的强度越高，韧性和耐久性越好。含有极完全解理的矿物时，如云母等，对岩石的性能不利。方解石、白云石等含有完全解理，因此，由其组成的岩石易于开采，其强度和韧性不是很高。岩石的孔隙率较大，并夹杂有黏土质矿物时，岩石的强度、抗冻性、耐水性及耐久性等会显著下降。

2.1.2.2 岩石的性质

岩石质地坚硬，强度、耐水性、耐久性、耐磨性高，开采和加工困难。岩石中的大小、形状和颜色各异的晶粒及其不同的排列使得许多岩石具有较好的装饰性，特别具有斑状构造和砾状构造的岩石，在磨光后，纹理美观夺目，具有优良的装饰性。

2.1.2.3 岩石的风化

水、冰、化学因素等造成岩石开裂或剥落的过程，称为岩石的风化。孔隙率的大小对风化有很大的影响。当岩石内含有较多的黄铁矿、云母时，风化速度快。此外，由方解石、白云石组成的岩石在含有酸性气体的环境中也易风化。防风化的措施主要有：磨光石材表面，防止表面积水；采用有机硅喷涂表面；对碳酸类岩石，可采用氟硅酸镁溶液处理石材表面。

2.1.3 天然石材的采集与加工

由采石场采出的天然石材荒料，一般运至石材加工厂或车间，按用户要求加工成各类板材或其他特殊形状规格的产品。加工前可根据客户要求选择花色尺寸和拼花方案。加工石材荒料时常绘制割石设计图进行加工。加工方法多采用机械法（如锯切），也有用凿子分解、凿平、雕刻等手工操作。

（1）锯切

锯切是将天然石材荒料或大块人造石基料用锯石机锯成板材的作业。

锯切设备主要有框架锯（排锯）、盘式锯、钢丝绳锯等。锯切花岗石等坚硬石材或较大规格石料时，常用框架锯，锯切中等硬度以下的小规格石料时，则可以采用盘式锯。

框架锯的锯石原理是把加水的铁砂或硅砂浇入锯条下部，受一定压力的锯条（带形扁钢条）带着铁砂在石块上往复运动，产生摩擦而锯制石块。

圆盘锯由框架、锯片固定架及起落装置和锯片等组成。大型锯片直径为1.25~2.50m，可加工1.0~1.2m高的石料。锯片为硬质合金或金刚石刃，后者使用较广泛。锯片的切石机理是：锯齿对岩石冲击摩擦，将结晶矿物破碎成小碎块而实现切割。

锯切的板材表面质量不高，需进行表面加工。

（2）剁斧

石材表面经手工剁斧加工，表面粗糙，具有规则的条状斧纹。表面质感粗犷，用于防滑地面、台阶、基座等。

（3）机刨

石材表面机械刨平，表面平整，有相互平行的刨切纹，用于与剁斧板材类似用途，但表面质感比较细腻。

（4）粗磨

石材表面经过粗磨，平滑无光泽，主要用于需要柔光效果的墙面、柱面、台阶、基座等。

（5）磨光

石材表面经过精磨和抛光加工，表面平整光亮，花岗岩晶体结构纹理清晰，颜色绚丽多彩，用于需要高光泽平滑表面效果的墙面、地面和柱面。

抛光是石材研磨加工的最后一道工序。进行这道工序后，石材表面具有最大的反射光线的能力以及良好的光滑度，并使石材固有的花纹色泽最大限度地显示出来。

国内石材加工采用的抛光方法有如下几类：

①毛毡－草酸抛光法　适于抛光汉白玉、雪花、螺丝转、芝麻白、艾叶青、桃红等石材。

②毛毡－氧化铝抛光法　适于抛光晚霞、墨玉、紫豆瓣、杭灰、东北红等石材。这些石材硬度较第一类高。

③白刚玉磨石抛光法　适于抛光金玉、丹东绿、济南青、白虎涧等石材。这些石材用前两类抛光法不易抛光。

④火焰烧毛　烧毛加工是将锯切后的花岗岩板材，利用火焰喷射器进行表面烧毛，使其恢复天然表面。烧毛后的石板先用钢丝刷刷掉岩石碎片，再用玻璃碴和水的混合液高压喷吹，或者用尼龙纤维团的手动研磨机研磨，以使表面色彩和触感都满足要求。火焰烧毛不适于天然大理石和人造石材。

经过表面加工的大理石、花岗石板材一般采用细粒金刚石小圆盘锯切割成一定规格的成品，如石板、石材马赛克、装饰石画等。

需要注意的是，少数天然石材中含有放射性元素，如铀、氡气等，对人的身体是有害的。天然石材中的放射性危害近年来已被广泛重视，选用时应加以考虑。

2.1.4　室内装饰常用的天然石材

2.1.4.1　砌筑装饰石材

砌筑装饰石材用于建筑内外墙体。砌筑石材按加工外形分为料石、平毛石和乱毛石。

（1）料石

料石是加工成较规则六面体及有准确规定尺寸、形状的天然石材。根据加工精细程度分为：

①细料石　经过细加工，外形规则，表面凹凸深度小于 2mm。

②半细料石　外形规则，表面凸凹深度小于 10mm。

③粗料石　规则的六面体，表面不加工或稍加修整。

（2）平毛石和乱毛石

平毛石是形状不规则，大致有两个平行面的石材。乱毛石形状也不规则，但没有平行面。

2.1.4.2　天然大理石

大理石也称云石，是地壳中岩石经过高温高压作用变质而成，主要成分有方解石、石灰石、白云石。我国大理石产量大，资源丰富，品种多，主要分云灰、白色和彩花三种。

大理石板材装饰效果大气、富贵，属于高级饰面材料。主要用于高等级、大规模的建筑空间，如展览馆、博物馆、商场的室内墙面、地面、柱体等。在室内常用作厨房和卫生间或各种家具台面、门套、凸缘、窗台板、护墙板、地板。

（1）天然大理石的组成与化学成分

天然饰面装饰石材中应用最多的是大理石，它因云南大理盛产而得名。大理石是由石灰岩和白云岩在高温、高压下矿物重新结晶变质而成。它的结晶主要由方解石或白云石组成，具有致密的结构。大理石为白色，称汉白玉，如在变质过程中混进其他杂质，就会出现不同的颜色与花纹、斑点。如含碳呈黑色，含氧化铁呈玫瑰色、橘红色，含氧化亚铁、铜、镍呈绿色，含锰呈紫色等。大理石天然生成的致密结构和色彩、斑纹、斑块可以形成光洁细腻的天然纹理。

大理石的主要成分为氧化钙，空气和雨中所含酸性物质及盐类对它有腐蚀作用。因此，除个别品种（如汉白玉、艾叶青等）外，一般只用于室内。

（2）天然大理石特点

①耐水　吸水率小于 1%。

②耐磨　莫氏硬度在 3~4。

③抗冻。

④抗压　压强可达 100~150MPa。

⑤耐久　可用 40~100 年。

⑥抗风化性差　容易被酸腐蚀。

⑦纹理自然。

⑧镜面光泽度好　精光抛光处理可以清晰反映景物。

（3）天然大理石的品种

天然大理石石质细腻，光泽柔润，有很高的装饰性。目前应用较多的有以下品种：

①单色大理石　如纯白的汉白玉、雪花白，纯黑的墨玉、中国黑等，是高级墙面装饰和浮雕装饰的重要材料，也用作各种台面。

②云灰大理石　底色为灰色，灰色底面上常有天然云彩状纹理，带有水波纹的称作水花石。云灰大理石纹理美观大方，加工性能好，是饰面板材中使用最多的品种。

③彩花大理石　是薄层状结构，经过抛光后，呈现出各种色彩斑斓的天然图画。经过精心挑选和研磨，可以制成由天然纹理构成的山水、花木、禽兽虫鱼等大理石画屏，是大理石中的极品。

（4）天然大理石加工工艺

天然大理石从开采到出厂需要的工艺顺序是：开采→磨切→抛光→打蜡。

（5）天然大理石的规格

普型板（PX）长×宽×厚（mm）：300×150×20、300×300×20、305×152×20、305×305×20、400×200×20、400×400×20、600×300×20、600×600×20、610×305×20、610×610×20、900×600×20、1220×915×20、910×610×20、915×610×20、1067×762×20、1070×750×20。

随着加工技术的进步，出现了薄板（厚度为10~15mm）和超薄板（厚度8mm以下），可以直接粘到墙上或天花板。

（6）天然大理石等级

按照石材尺寸偏差、角度公差、平整度公差、材质的质量分为优等品（A）、一等品（B）、合格品（C）三个等级。

（7）天然大理石标记

产地名称→花纹特征→大理石型号→规格尺寸。如广东佛山白色大理石荒料加工900×600×20的命名为佛山汉白玉（M）N600×300×20。

（8）天然大理石外观要求

同一批天然大理石板材的花纹色调要求一致，把样板放在地面，距地面1.5m处观看没有明显的缺陷。大理石板材本身或者在加工过程中出现开裂、断裂等不严重的情况，允许用特定胶黏剂修补，修补后不能影响石材的整体效果。

2.1.5 天然花岗石

花岗石又称麻石，主要成分为云母、石英、长石等，其中SiO_2含量在60%以上。主要分细粒、中粒、斑状等品种。一般深色、晶粒细且均匀的花岗岩比较名贵，优质的品种构造紧密，所含云母少，石英含量大，不含黄铁矿等杂质，光泽度好，没有风化。部分花岗石会释放辐射，所以不适宜用在室内装饰。

（1）天然花岗石的特点

①耐久　细粒花岗石可用500~1000年，粗粒花岗石可达100~200年。

②耐磨　坚硬，密度高，耐磨度高。

③耐冲击。

④装饰性　作为饰面平整，有光泽度，花纹艺术，色彩丰润，坚硬有质感，高贵华丽。

⑤抗压　结构致密，抗压强度可达120~250MPa。

⑥抗腐蚀。

⑦不耐火　天然花岗石含有很高成分的石英，在570℃以上的高温下会转变成晶态，导致大量开裂。

⑧光泽度　含云母少的天然花岗石的光泽度高，但含云母多的花岗石在抛光研磨时，云母会脱落，很难得到镜面感的光泽。

⑨少量具有放射性。

⑩密度大　密度可达2700kg/m^3左右。

（2）天然花岗石的品种

花岗石的主要产地在山东、四川、湖南、江苏、浙江、北京、安徽、陕西、福建、黑龙江、山西等地，品种分济南青、白虎涧、将军红、黑花岗石、莱州白/青/黑等。高档的花岗石抛光板有巴西黑、印度红，色调偏深，颗粒细且匀称。中档的天然花岗石板主要有粉红色、浅绿色、紫色，中粒或粗粒结构。低档的天然花岗石主要为灰色麻石等，色调较暗，颗粒不均匀。

（3）天然花岗石加工工艺

天然花岗石的加工包括割切、凿刻。抛光是指岩石可以磨出光滑的表面，根据石材的强度、硬度和层次构造决定其钻孔的难易程度。

（4）天然花岗石的规格

长 × 宽 × 厚（mm）：300×150×20、300×300×20、305×152×20、305×305×20、400×200×20、400×400×20、600×300×20、600×600×20、610×305×20、610×610×20、900×600×20、1220×915×20、910×610×20、915×610×20、1067×762×20、1070×750×20。

（5）天然花岗石等级

根据《天然花岗石建筑板材》，按照石材尺寸偏差、角度公差、平整度公差、材质的质量分为优等品（A）、一等品（B）、合格品（C）三个等级。

（6）天然花岗石标记

产地名称→花纹特征→花岗石型号（G）→规格尺寸。如莱州白色花岗石荒料普型规格尺寸为600×600×20的优质板材命名为：莱州白花岗石（G）NPL600×600×20。

（7）天然花岗石外观要求

规格尺寸：普型板应按照标准规定，板材厚度小于等于15mm的，板材厚度极差允许1.5mm。板材大于15mm时，允许的板材厚度极差可以为3mm。角度允许的极限公差，当拼缝时，板材正面与侧脸夹角不得大于90°。

同一批次的色调和花纹应该达到一致，如果缺棱，长度不大于10mm，如果缺角，面积不超过5mm×2mm。如果有裂纹，长度不超过两端顺延至板边总长度的十分之一。色斑的面积不超过20mm×30mm。色线长度不超过两端顺延至板边总长度的十分之一。优等品不允许出现上述所有瑕疵。一等品可以有一处瑕疵，合格品可以有2~3处。

2.2 人造石材

人造石材是利用天然石材开采时的边角料、天然砂石、碎石、碎渣等粗填充料和细填充料，采用胶黏剂，添加颜料和其他填料，再经成型、固化和表面处理而成。

2.2.1 人造石材的特点

相对于天然石材来说，人造石材具有以下特点：

①质量更轻，比较薄。

②花纹和色调更丰富　因为花色是可以设计调和的，并可以模仿天然石材的花纹和色调。人造石材的光泽度同样很高，甚至可以超过天然石材，具有更好的装饰效果。

③抗污渍、耐腐蚀，不但耐酸也耐碱　但是某些人造石材由于成分和原料不同，比天然石材的耐磨耐刻性差，抗压性不够，容易发生翘曲变形，若养护不好，容易产生龟裂。

④价格低，方便施工　可以切、割、锯出不同的形状，来配合使用。

2.2.2 人造石材的分类

（1）水泥型人造石材

水泥型人造石材的成分主要是水泥（硅酸盐水泥、铝酸盐水泥）、天然砂石、天然碎石、工业废渣等，经过搅拌、模压、抛光等工序。其中铝酸盐水泥主要作为胶凝材料。氢氧化铝胶体会硬化，为克服表面反霜就需要加入其他辅助成分，这提升了人造石材的成本。

水泥型人造石材也叫水磨石，主要应用于墙面、地面、柱体、踢脚板、立板、窗台板、台面等。包含磨面水磨石（M）和抛光面水磨石（P）两类。

规格（mm）：300×300，305×305，400×400，500×500。

等级：优等（A）、一等品（B）、合格品（C）。

（2）树脂人造石

树脂人造石里的胶凝材料主要为不饱和聚酯，碎料碎石主要是天然大理石和花岗石、石英等配料，搅拌后浇灌成型，再使用固化剂使其固化，而后脱模再抛光，具有光泽。强度高，密度大，耐水，耐磨，耐污，但配料级别不够时，容易发生翘曲变形，若养护不好，容易产生龟裂。

聚酯人造石分人造岗石（大理石、石灰石的碎料为原材料，黏合胶质经过打碎、搅拌、振动，最后切割成石板）、人造石英石（石英石、硅砂、矿渣为原材料）、人造玛瑙石、人造玉石、实体面材（甲基丙烯酸甲酯、不饱和聚酯树脂为原材料，加入矿石粉、颜料经过模压和浇注工艺而成，与天然石材比更耐污、高强度，且没有放射性等品类，其制造工艺简单，可设计成多种颜色和花纹，光泽表面，有一定透明度。

（3）复合型人造石材

复合型人造石材是无机和有机材料的复合品，无机胶凝材料主要是水泥和石膏，有机高分子材料主要是树脂，用无机胶凝材料把碎石等集料黏合，制成底层，用大理石粉和聚酯制成面层。

（4）烧结型人造石材

烧结型人造石材的主要成分是高岭土、斜长石、石英、辉石、赤铁矿粉，通过干压法再高温焙烧，混制而成。由于耗能大，造价高，使用较少。主要应用于室外的地面、墙面、柱体和台面。

（5）微晶石材

由玻璃和结晶组成的高密度且颗粒均匀的复合材料。微晶石或微晶板耐热、耐磨、耐腐蚀，强度高，可切割和加工成各种形状。

微晶石的光泽度按品级不能低于75~85光泽单位，硬度一般在5~6级，强度大于或等于30MPa，用指甲剐蹭不会出现痕迹，以一块微晶石板敲击另外一块，不会轻易破碎。

图2–1 罗马石

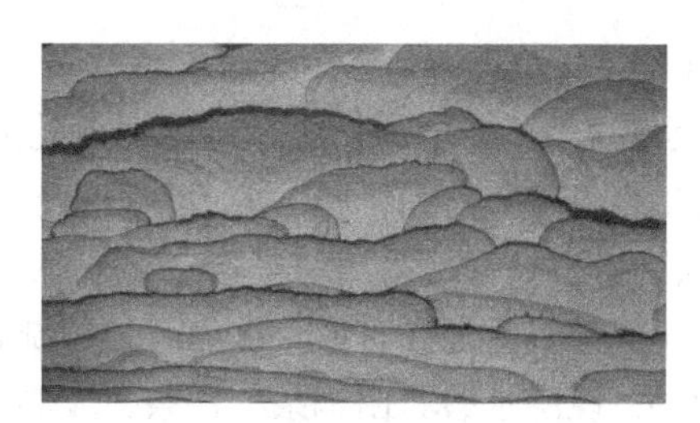

图2–2 文化石

2.2.3 常用人造装饰石材制品

（1）聚酯型人造大理石

聚酯型人造大理石（简称人造大理石）被称为“树脂混凝土”，它是以不饱和聚酯树脂（一般用间苯二甲酸–丙二醇型树脂）作黏料，石粉、石渣作填充料（生产人造大理石的填料是大理石粉、石英粉、白云石粉、碳酸钙粉等），当不饱和聚酯树脂在固化过程中把石渣、石粉均匀牢固地黏接在一起后，即形成坚硬的人造大理石。它是模仿大理石的表面纹理加工而成的，具有类似大理石的机理特点，并且花纹图案可由设计者自行控制确定，重现性好；其外观富丽典雅、色泽柔和。而且人造大理石重量轻（比天然大理石轻25%左右），强度高，厚度薄，可耐酸、耐碱、耐污迹、抗污染，并有较好的可加工性，能制成弧形、曲面等形状，施工方便。高质量的人造大理石的物理力学性能可等于或优于天然大理石。不仅具有天然石材的坚韧结实，而且全无毛细孔，更将木材的灵活设计和大理石的典雅特质集于一体，但在色泽和纹理上不及天然大理石美丽自然柔和。同色石材间不存在色差与放射性物质，人们不必为健康问题担心。可适合于不同场所。

（2）聚酯型人造花岗石

聚酯型人造花岗石与人造大理石有不少相似之处。但聚酯型人造花岗石胶（树脂）多、固体填料少，为1∶（6.3~8.0）（生产人造花岗石的填料是用粒料级配，不同品种花岗石用不同色彩的粒料）。填料用天然石颗粒较硬且色深，经固化抛光后，内部的石粒外露，通过不同色粒和颜料的搭配，可生产不同色泽的人造花岗石，其外观极像天然花岗石。

（3）水磨石

水磨石是以碎大理石、花岗岩或工业废料渣为粗骨料，砂为细骨料，水泥和石灰粉为黏结剂，经搅拌、成型、蒸养、磨光抛光后制成的一种人造石材地面材料。水磨石分预制和现浇两种，现浇水磨石由铜条、铝条、玻璃条嵌缝并划成各种各样的色彩和花饰的图案。由于掺和料的不同（各色石子或大理石碎片），色彩掺和剂的不同，地面效果也形形色色，具有极强的效果。水磨石地面便于洗刷、耐磨，常用于人流集中的大空间。

（4）人造玉石、玛瑙

人造玉石、玛瑙也叫仿玉石、仿玛瑙。其主要原材料为不饱和聚酯树脂和填料，使用透明颜料，并用石英、玻璃粉、氢氧化铝或三氧化二铝粉作填料，借助于颜料、填料和树脂的综合功能，制成仿玛瑙、仿玉石制件。其外观淡雅大方，表面光洁度高，纹理自然流畅，保温性能好，不易沾污，便于清洗，整体具有豪华高雅之感。

氢氧化铝粉为中等耐磨填料，混合固化后质地坚硬。人造玛瑙与天然品外观、质地相似，形成的奇特石纹，可以以假乱真。人造玛瑙可制作洁具（浴盆、坐便器、洗漱台、镜框等），还可制成台面、墙、地砖以及栏杆扶手等装饰制品。

（5）高铝水泥人造大理石

采用高铝水泥、硅酸盐水泥、石英砂等为原料，加入无机矿物颜料和化学外加剂，通过反打成型而成。面层采用高铝水泥砂浆，底层采用普通硅酸盐水泥砂浆。

产品可具有多种色彩，并且光泽度高，不易翘曲，耐老化，施工方便，价格低，但色泽不及树脂型人造大理石，并且不宜用于潮湿条件或高温环境中。主要用于一般装饰工程的墙面、地面、墙裙、台面、柱面等。

（6）微晶石

微晶石又称微晶玻璃、微晶陶瓷、结晶化玻璃。微晶石是采用天然无机材料在与花岗岩形成条件类似的高温下（1500℃），经烧结晶化而成的材料。它既有特殊的微晶结构，又有特殊的玻璃基质结构，质地细腻，板面晶莹亮丽，对于射入光线能产生扩散漫反射效果，使人感觉柔美和谐。微晶石产品具有自然柔和的质感，丰富多彩的颜色，极低的吸水率不易受污染，耐酸碱性佳，耐候性优良，比天然石材更坚硬、更耐磨，不易受损及断裂，且没有天然石材之结构纹理（常由此处断裂），可轻量化，可弯曲成型，经济省时，不含放射性元素，不损害身体等特点。

微晶石是一种装饰豪华建筑的新型高档装饰材料。主要用于高级宾馆、商场、银行营业厅、饭店、写字楼、地铁站及机场、高级别墅等永久性公用设施的内外墙面、地面、柱面及台面的装饰装修。

（7）人造透光石

透光石又称发光石，严格来说应该是透光，而不是发光。透光石一般分为天然的和人工的，现在市面上较多的是人工合成的透光石。天然的透光石成品较少，材质脆，透光度差，一般没有大块面的成材，因此价格昂贵。人工合成的透光石，制作原理等同于人造大理石，外观也与之相似，只不过切片厚度一般在5mm左右，具有透光不透视的效果，有较好的装饰效果。

透光石是由高性能树脂作为胶黏剂加以天然石粉和玻璃粉等填充物及辅助原料，经过相互反应而成的一种新型建筑装饰材料。它质地轻便（与天然石材相比），硬度高、不变形，防火，抗老化，耐油污，耐腐蚀，无辐射，抗渗透，光泽度好，透光效果明显，大小规格、薄厚、透光性能（可半透或全透光）可任意调制，可切割，可弯曲，可钻孔，可黏接。通过不同的模具成形后，可制作成透光景墙、异型灯饰、透光吊顶、透光灯柱、地面透光立柱、透光吧台及各种不同造型的透光台面及透光艺术品等。

人造透光石主要应用于宾馆酒店、商务会展中心、商场、浴场、别墅等中高档场所，装饰于吊顶、隔断、玄关、前台、吧台、背景墙、门庭、立柱等处，或制成各种灯具装饰于显要位置，营造独特的氛围。

2.3 应用

人造石材常见于厨房台面和厨房。优点是花色繁多，比天然石材柔韧度更好，连接处不明显，整体感强。缺点是硬度小、怕划、怕烫、怕着色（石英石除外）。

大理石板材装饰效果大气、富贵，属于高级饰面材料。主要用于高等级、大规模的建筑空间，如展览馆、博物馆、商场的室内墙面、地面、柱体等。在室内常用作厨房和卫生间或各种家具台面、门套、凸缘、窗台板、护墙板、地板。

我们常见到的很多高档楼盘的景观地面，用的都是花岗岩的材质做地面装饰。

图 2-3 花岗岩材料

电视背景墙采用石材干挂，这是比较奢华的做法，但不得不承认大理石（或类似纹路的石材）上墙，颜值极高且非常大气。

图 2-4 电视背景墙

窗台石大多用人造石材，少数会用到花岗岩。主要考虑人造石材的加工性和重量轻的优点。一般报价按照延米计算。

图 2-5 窗台

橱柜台面目前市场上用石英石的比较多，石英石有良好的硬度和物理性能，价格按照延米计算。除了石英石，大理石用的也很多，如果预算充足，还可以使用岩板台面。

图 2-6 橱柜台面

石材天然的纹理，镜面般的色泽，完美的质感无疑会提升整个空间的气质，用天然石材做门套窗套，整个空间似乎被石材链接到了一起，给人一种视觉上的美感。虽然使用其他材料做窗套门套的价格相对石材较便宜，但耐用性与石材相差甚远。十几年过后，维修起来既费时又费力，算下来的价钱未必比石材少。所以说石材是一类性价比非常高的材料。

复习与思考

1. 人造石材有哪些类型？它们之间有何区别？

2. 选天然石材应注意什么？

3. 花岗岩和大理石各有什么用途和特性？

4. 室内装饰石材如何应用？

第3章
陶　瓷

陶瓷是以天然矿物黏土为原料，通过粉碎、模压、焙烧而成，陶瓷，或称烧土制品，是指以黏土为主要原料，经成型、焙烧而成的材料。陶瓷强度高、耐火、耐久、耐酸碱腐蚀、耐水、耐磨、易于清洗，加之生产简单，价格适宜，故而用途极为广泛，几乎可应用于从家庭到航天的各个领域。

在建筑室内装饰工程中，陶瓷是最古老的装饰材料之一。陶瓷艺术是火与土凝结的艺术，如中国皇宫建筑和九龙壁已是千古之作，北京故宫博物院更堪称琉璃博物馆。随着现代科学技术的发展，陶瓷在颜色、品种、性能等方面都有了巨大的变化，为现代建筑装饰装修工程带来了越来越实用的装饰性材料。在建筑装饰工程中应用十分普遍。

我国的陶瓷生产有着悠久的历史和辉煌的成就。尤其是瓷器，是我国的伟大发明之一。五千多年前的新石器时代，我们的祖先已能制造陶器。唐代的赵窑青瓷和邢窑白瓷、唐三彩，明清时期的青花、粉彩、祭红、郎窑红等产品都是我国陶瓷史上光彩夺目的明珠。我国的陶瓷制品无论在材质、造型或装饰方面都有很高的工艺和艺术造诣。

在现代建筑装饰中，使用的陶瓷制品主要有釉面砖、地砖、锦砖、卫生陶瓷、园林陶瓷、琉璃制品等，它们的品种和色彩多达数百种，而且还在不断涌现新的品种。

3.1 陶瓷的分类

陶瓷是陶器和瓷器的总称。通常陶瓷制品可以分为陶质制品、瓷质制品及炻质制品。

3.1.1 陶制品

陶质制品通常具有较大的吸水率（大于10%），断面粗糙无光，不透明，敲之声音沙哑，可施釉或不施釉。陶制品的坯体以陶土、砂土为原材料，可以加少量的瓷和烧结黏土或石英粉，高温焙烧下而成。细分为粗陶制品和细陶制品。粗陶包括建筑上常用的砖、瓦以及陶盆、罐及某些日用缸器等。粗陶的坯料由含杂质较多的砂黏土组成，建筑上常用的砖、瓦及陶罐等均属于这一类产品。粗陶制品中的黏土含有的杂质较多，不上釉，主要用作建筑烧结黏土砖、瓦和陶罐。

精陶是指坯体呈白色或象牙色的多孔制品，由高岭土、长石、石英为原料，黏土中含有的杂质较少，经过两次烧制，素烧和釉烧，白色胚体，通常上釉，强度较低。精陶因为上釉，表面光泽、滑润、细腻，强度比粗陶要大，更稳定，装饰效果更丰富。建筑上常用的釉面砖就属于精陶。精陶按其用途不同可分为建筑精陶、美术精陶及日用精陶。

3.1.2 瓷制品

瓷制品的主要成分也是高岭土，所含的杂质较少，高温焙烧，通常上釉，其细腻紧密的结构导致吸水率低、强度高，但易碎，通体洁白，釉具透明性。根据制作成分、结构和工艺不同，分为粗瓷和细瓷两种，如日常所见的杯、碗等餐具和工艺品等。瓷质制品的坯体致密，基本上不吸水，强度高，耐磨，半透明，敲之声音清脆，通常均施有釉层。

3.1.3 炻制品

炻制品俗称半瓷，也叫石胎瓷，是介于陶质和瓷质的一种陶瓷制品，孔隙率和吸水率介于陶制品和瓷制品之间，相对陶制品更致密，吸水率低。炻制品可以上釉，颜色多，根据坯体结构不同分为粗炻和细炻两种制品。常用于建筑用墙砖、地砖，粗炻制品含水率4%~8%，细炻制品吸水率小于2%。炻器与陶器的区别在于陶器的坯体是多孔结构，而炻器坯体的气孔率却很低，其坯体致密，达到了烧结程度。炻器与瓷器的区别主要在于，炻器坯体多数带有颜色且无半透明性。炻器按其坯体的细密性、均匀性以及粗糙程度分为粗炻器和细炻器。建筑装饰工程中用的外墙砖、地砖等均属于粗炻器；驰名中外的宜兴紫砂陶则属于细炻器。炻器的机械强度和热稳定性均优于瓷器，且成本较低。

3.2 原材料

陶瓷制品使用的原料品种很多，一类是天然矿物质，一类是经化学方法处理而得到的化工原料。使用天然矿物类原料制作的陶瓷较多，其又可分为可塑性物料、瘠性物料、助熔物料、有机物料等。

3.2.1 可塑性物料

黏土是由各种矿物组成的混合物。包括长石、花岗石、斑岩、片麻岩、蒙脱、高岭石、水云母等，经过长年地质变化而成。呈白、黑、黄、灰红等颜色。黏土具有可塑性和黏结性、收缩性和烧结性。可塑性和黏结性取决于矿物质成分的含量、颗粒的细度和等级。收缩性分干缩值和烧缩值，干缩是指黏土在干燥过程中蒸发水分，体积收缩，一般在3%~11%。烧缩是指黏土在焙烧过程中水分蒸发，体积的收缩，一般在1%~2%。烧结性是指温度升高时黏土中的矿物质熔化成熔融物流入孔隙中并黏结，导致孔隙率下降，强度提升。烧结温度的范围越大，成品越坚固，不容易变形，更致密。为了防止坯体收缩时产生缺陷，掺入了瘠性原料（石英、熟料），没有塑性，能够起到支撑骨架作用。为了增加密实度和强度和耐火度，加入了助熔剂（长石、碳酸钙、碳酸镁），还能稳定形状。

因此，可以根据黏土的组成初步判断制品的质量。如黏土中石英含量较大时，其可塑性强，但收缩性相对较小；黏土中氧化铁、氧化钛含量会影响烧制产品的颜色，而且细而分散的铁化合物还会降低黏土的烧结温度，超过一定数量以后，会使坯体在煅烧过程中容易起泡等。

黏土一般分为以下四种。

高岭土：是最纯的黏土，可塑性低，烧后颜色从灰色到白色。

黏性土：为次生黏土，颗粒较细，可塑性好，含杂质较多。

瘠性黏土：较坚硬，遇水不松散，可塑性小，不易成可塑泥团。

页岩：性质与瘠性黏土相仿，但杂质较多，烧后呈灰、黄、棕、红等颜色。

黏土含有的其他物质还有以下种类。

（1）石英

石英主要成分为SiO_2。石英在高温时发生晶型转变并产生体积膨胀，可以部分抵消坯体烧成时产生的收缩，同时，石英可提高釉面的耐磨性、硬度、透明度及化学稳定性。

（2）长石

长石在陶瓷生产中可做助熔剂，以降低陶瓷制品的烧成温度。它与石英等一起在高温熔化后形成的玻璃态物质是釉彩层的主要成分。

（3）滑石

滑石的加入可改善釉层的弹性、热稳定性，加宽熔融的范围，也可使坯体中形成含镁玻璃，这种玻璃湿膨胀小，能防止后期龟裂。

（4）硅灰石

硅灰石在陶瓷中使用较广，加入制品后，能明显地改善坯体收缩、提高坯体强度和降低烧结温度。此外，它还可使釉面不会因气体析出而产生釉泡和气孔。

3.2.2 瘠性物料

瘠性物料是指硅酸盐原料中与水混合后没有黏性而起瘠化作用的物料。用在陶瓷和耐火材料生产中，可降低配合料的可塑性以及减少坯体在干燥和烧成时的收缩，起骨架作用。石英、长石、煅烧过的黏土（熟料）和耐火材料的碎块，都可用作瘠性物料。

3.2.3 助熔物料

助熔物料又称助熔剂，在焙烧过程中能降低可塑性物料的烧结温度，同时增加制品的密实性和强度，但也会降低制品的耐火度、体积稳定性和高温下抵抗变形的能力。

陶瓷工业中常用的助熔剂有长石类的自熔性熔剂和铁化物、碳类等的化合性助熔剂。

3.2.4 有机物料

有机物料主要包括天然腐殖质或由人工加

入的锯末、糠皮、煤粉等，它们能提高物料的可塑性。

3.3 陶瓷生产工艺

一般来说，陶瓷生产过程包括坯料制造、坯体成型、瓷器烧结三个基本阶段。陶瓷生产过程可按生产各阶段的不同作用分为生产技术准备过程、基本生产过程、辅助生产过程和生产服务过程。各种陶瓷制品的生产过程大致相同，但原料的调整、上釉、烧制等各个过程的细节有所不同，生产过程大致如下：备料→成型→干燥→烧结→施釉。

3.3.1 备料

坯料由天然矿物、黏土组成，制备后成粉末或浆料。按坯料要求配比将粉碎精制的原料加水细磨，淘选除去杂质和粗粒，精制成泥浆。陶瓷的生产工艺随着技术和生产条件的提升，从备料、成型到煅烧有很大的提升。

3.3.2 成型与干燥

根据坯料含水量多少，成型方法有干法、半干法和湿法。如按工艺划分，有脱模法、挤出法、压制法、旋坯法。脱模法是采用模具，将泥浆置于其中，硬化后脱模成型。挤出法是将可塑性坯料从挤出机的定型孔中挤出，按一定尺寸切断。压制法是将挤出的坯料再用模型压制。旋坯法是用辘轳机旋转切割制成形状对称的坯料。坯体要干燥到一定含水率之后才能装窑，干燥的好坏影响制品的质量。

干燥有人工干燥和自然干燥两种方法。前者一般用烧成窑的余热烘干，后者先阴干再晒干。

3.3.3 烧结

将陶瓷生坯加热，在熔点温度以下煅烧成型，使之密实、坚固。干燥好的坯体可着手烧成，按预热、烧成、冷却过程进行。有的制品在坯体成型、干燥后即上釉，烧成后即为制品。有的制品则在坯体成型、干燥后先素烧，然后上釉再烧成。

3.3.4 施釉

（1）釉的作用

所谓釉是指附着于陶瓷坯体表面的连续玻璃质层，它是施涂在坯体表面的适当成分的釉料在高温下熔融，在陶瓷制品表面上形成一层很薄的均匀层。它具有细腻光滑、与玻璃相类似的某种物理与化学性质。

陶瓷施釉的目的在于改善坯体的表面性能并提高力学强度。通常疏松多孔的陶瓷坯表面仍然粗糙，即使坯体烧结，孔隙接近于零，但由于其玻璃相中包含晶体，所以坯体表面仍然粗糙无光，易于沾污和吸湿，影响美观、卫生，以及力学和电学性能。施釉的表面平滑、光亮、不吸湿、不透气，同时在釉下装饰中，釉层还具有保护釉下装饰图案，掩盖坯体的不良颜色和某些缺陷，防止彩料中有毒元素溶出的作用，提高陶瓷制品的机械强度、抗渗性、耐腐蚀性、抗污染性、易洁性等，还能增加产品的艺术性，扩大了陶瓷的使用范围。

（2）釉的种类

釉的种类繁多，组成也很复杂。按外表特征分为透明釉、乳浊釉、有色釉、光亮釉、无光釉、结晶釉、砂金釉、光泽釉、碎纹釉、珠光釉、花釉、流动釉、干粒釉等。施釉的方法有涂釉、浇釉、浸釉、喷釉、筛釉等。

（3）常用装饰釉

①釉下彩绘　在陶瓷坯体或素烧釉坯表面进行彩绘，然后覆盖一层透明釉，烧制而成的即为釉下彩。其优点在于画面不会在陶瓷使用过程中被损坏，而且画面显得清秀光亮。彩料受到表面透明釉层的隔离保护，图案不会磨损，彩料中对人体有害的金属盐类也不会溶出。而釉下彩绘的画面与色调远远不如釉上彩绘那样丰富多彩，同时难以机械化生产，因而目前难以广泛使用。现在国内商品釉下彩料的颜色种类有限，基本上用手工彩画，限制了它在陶瓷制品中的广泛应用。

青花、釉旦红及釉下五彩是我国名贵的釉下彩绘制品。

②釉上彩绘　是在烧好的陶瓷釉上用低温彩料绘制图案花纹，然后在较低温度下（600~900℃）二次烧成的。由于温度低，故使用颜料比釉下彩绘多，色调极其丰富。同时，釉上彩绘在高强度陶瓷体上进行，因此除手工绘画外，还可以用贴花、喷花、刷花等方法绘制，生产效率高，成本低廉，能工业化大批量生产。但釉上彩易磨损，表面有彩绘凸出感觉，光滑性差，日久易发生彩料中的铅被酸所溶出而引起铅中毒。

③结晶釉　是高温颜色釉品种之一。其利用高温下釉料中金属的饱和溶液在缓冷过程中析出的晶体密集的形态，故得名。结晶釉的釉层中晶体呈星形、冰花、晶簇、晶球、扇形、松针形、花蕾形、花朵或纤维状等，它们自然、优雅，具有很高的装饰性。

④砂金釉　是釉内氧化铁微晶呈现金子光泽的一种特殊釉，因其形似自然界中的砂金石而得名。微晶的颜色视其粒度而异，最细者发黄色，最粗者发红色。微结晶体的铁砂金釉的晶粒粗大，微结晶体的铬砂金釉的晶粒细小，细者又称金星釉，粗者又称猫眼釉。该釉的特征为在彩色透明玻璃釉中悬浮着金色板状晶体或金属粉粒。在光线照射下闪烁异彩。采用砂金釉的瓷砖主要用于装饰豪华客厅，使室内环境形成金碧辉煌的艺术氛围。

⑤裂纹釉　是陶瓷表面采用比其坯体热膨胀系数大的釉，在烧后迅速冷却的过程中使釉面产生网状裂纹，以此获得装饰效果。釉面裂纹的形态有鱼子纹、蟹爪纹、牛毛纹、鳝鱼纹等。裂纹釉按其颜色的呈现技法，分为夹层裂纹釉与镶嵌裂纹釉。

⑥无光釉　一般在透明釉中加入20%的高岭土即可变成无光釉。将陶瓷在釉烧温度下烧成后经冷却，可使表面显示丝状、绒状或玉石状的光泽，而不出现对光的强烈反射。它是一种特殊效果的艺术釉。

⑦流动釉　是采用易熔釉料施于陶瓷表面，在烧成温度下故意将其过烧，以造成过烧而使釉沿着坯体的斜面向下流动，形成一种自然活泼条纹的艺术釉饰。

⑧贵金属装饰　用金、银、铂或钯等贵金属装饰在陶瓷表面釉上，这种方法仅限于一些高级精细制品。饰金较为常见，其他贵金属装饰较少。金装饰陶瓷有亮金、磨光金和腐蚀金等，亮金装饰金膜厚度只有0.5μm，这种金膜容易磨损。磨光金的厚度远高于亮金装饰，比较耐用。腐蚀金装饰是在釉面用稀氢氟酸溶液涂刷无柏油的釉面部分，使其表面釉层腐蚀。表面涂一层磨光金彩料，烧制后抛光，腐蚀面无光，未腐蚀面光亮，形成亮暗不一的金色图案花纹。陶瓷产品采用金色纹饰、图案及边线等，不仅能够表现出产品的华贵感，也使环境形成金碧辉煌的氛围，富有现代的气息。目前，金饰材料的装饰方法已经形成手工彩绘、刻绘花、喷墨印花、转移印花、超高速印花等各种工艺技术方法。

3.4 室内装饰陶瓷砖

3.4.1 陶瓷砖分类

陶瓷装饰面砖是建筑室内装饰最常用的材料之一，陶瓷砖因为其施工方便、强度高、使用寿命长、耐水性好、易打理、价格适宜等特点而得到广泛应用。陶瓷面砖的背面有各种凹凸条纹，用以增强其与砂浆的结合力。装饰面砖的种类很多，分类的方法也有多种。常用的装饰砖分类方法有：

按照适用的装饰面分为外墙砖、内墙砖、腰线砖、地砖、梯沿砖、踢脚线砖等。内墙砖又有彩色釉面砖、浮雕艺术砖、闪光釉面砖、普通釉面砖、腰线砖等多种。

按照功能分为普通砖、花砖、腰带砖、拼花砖、阴阳角线砖等。

按照配料和制作工艺分为平面、麻面、毛面、磨光面、抛光面、仿天然石材表面、仿木纹面、压花浮雕表面、无光釉面、金属光泽面、防滑面、耐磨面等，以及丝网印刷、套色图案、单色、多色等多种制品。

按照表面施釉情况分为无釉砖（无光面砖、通体砖）和彩釉砖（彩色釉面砖）。

按照装饰性能分为普通砖、艺术砖、仿古砖。

3.4.1.1 釉面内墙砖

釉面内墙砖是用于建筑物内墙装饰的薄板状精陶制品，是对建筑物内部墙面起保护及装饰作用的有釉面砖，俗称釉面砖，又称为墙面砖，是建筑装饰工程中最常用、最重要的饰面材料之一。它是由优质陶土等烧制而成，属精陶制品。釉面内墙砖具有颜色丰富、柔和典雅、朴素大方、表面光滑，并具有耐急冷热、防火、耐腐蚀、防潮、不透水、抗污染及易清洁、装饰美观等特性。按釉层色彩可分单色、花色、图案砖。釉面内墙砖主要用于厨房、浴室、卫生间、实验室、手术室、精密仪器车间等室内墙面。近年来，国内外的釉面砖产品正向大而薄的方向发展，并大力发展彩色图案砖。将泥浆脱水干燥压制成型，施釉后烧制而成，或者采用注浆法。组成成分为石灰、长石、滑石、硅灰石、叶蜡石，有多种形状。釉面砖表面施釉包括透明釉、无光釉、乳浊釉、结晶釉等。吸水率在10%~20%，抗折强度2~4MPa，温度140℃，保证三次不开裂。

釉面砖的坯体是釉陶，在潮湿环境中吸水率大，容易膨胀，而釉面的吸水率小，当坯体膨胀到釉面张应力极限的时候，釉面会断裂，如果长期冷冻，会出现剥落。所以釉面砖只适用于室内，如厨房、卫生间、浴室、实验室、游泳池等室内台面和墙面。

图 3–1 釉面砖

（1）常用装饰釉面砖种类

①白色釉面砖　色纯白，釉面光亮，粘贴于墙面清洁大方，常用于厨房、卫生间、洁净车间以及医院等各类洁净房间。

②彩色釉面砖　分有光彩色釉面砖（釉面光亮，色彩丰富）和无光彩色釉面砖两种（釉面半无光，色彩柔和）。用于建筑物地面、墙面装饰，吸水率在6%~10%。有平面和立体浮雕之分，镜面和防滑亚光之分。釉面有纹点和仿天然石材花纹。色彩丰富多彩，装饰效果好，耐磨耐久。

图 3–2 彩色釉面砖

③亚光彩色釉面砖　釉面半无光，不晃眼，色泽一致，色调柔和，镶于内墙之上，优美清新。

④仿大理石釉砖　具有天然大理石花纹，颜色丰富，美观大方。

⑤彩色图案砖　在有光或无光彩色釉面砖上，装饰各种图案，经高温烧成，产生浮雕、缎光、绒毛、彩漆等效果，作内墙饰面，别具风格。

⑥斑纹釉面砖　瓷砖表面压成各种斑纹，上釉后形成斑纹釉面，其花纹形似浮雕、丰富多彩、立体感强。

⑦渗花砖　坯体加入着色颜料，焙烧时渗透进坯体1~3mm，则砖面颜色丰富多彩，再经抛光光滑晶莹，使其耐磨，强度高，吸水率低，长期不褪色，经久耐用。渗花砖需要两次工艺流程。

一次烧成渗花砖工艺：

砖坯压制→干燥→清洁表面→吹风降温→注入渗剂→印刷渗花釉→施透明釉→煅烧→分级。

二次工艺：砖坯压制→干燥→素烧→清坯→印刷渗花釉→施透明釉→烧成→分级。

规格（mm）：300×300、400×400、450×450、500×500，厚度是7~8mm。

⑧金属光泽釉面砖　是在釉面砖的表面喷涂金属盐溶液，溶液在高温热解后形成金属薄膜，跟随金属离子颜色产生不同的光泽效果。其光泽呈金属质感，高级奢华，有良好的耐热、耐腐蚀、耐磨等特点，易于清洁，装饰效果具有现代金属感。

⑨仿古砖　是一种釉面装饰砖，可以分成哑光釉和无光釉两种。砖面不经过磨边，有凹凸模具。生产流程和普通釉面砖差不多，只是在施釉线上加了一些设备，起源于意大利，多用于外墙和地面，看起来文化气息深厚。

施工工艺：坯料制粉→压机成型→干燥→喷水→甩釉→磨釉→丝网印花→喷釉→喷水→撒干粒→烧成。

（2）标准等级和规格

分为三个等级：优等品、一级品、合格品。尺寸允许偏差和表面缺陷、色差、平整度、直角度、边直度允许范围均要符合国家标准，吸水率小于21%，弯曲强度大于16MPa。

常见的规格（mm）：108×108×5、152×152×5、200×150×5。釉面砖形状有长方形、正方形、异形，按照侧面形状分为小圆边、平边、大圆边、带凸缘边。

3.4.1.2　无釉墙地砖

无釉墙地砖是以优质瓷土为主原料，再加着色细颗粒，经混匀、模压和煅烧而成。无釉砖色泽自然，质地厚重，吸水率较低，可选择抛光和不抛光两种。无釉砖包括了所有吸水率小于10%的不施釉的陶瓷砖，品种有各类瓷质砖（包括抛光砖）、红地砖、广场砖、不施釉的劈离砖等。这种制品再加工后分抛光和不抛光两种。

无釉砖吸水率较低，常分为无釉瓷质砖、无釉炻瓷砖、无釉细炻砖几种。

无釉瓷质砖是以优质瓷土为主要原料的基料喷雾料加一种或数种着色喷雾料（单色细颗粒）经混匀、冲压、烧成所得的制品。它富丽堂皇，适用于商场、宾馆、饭店、游乐场、会议厅、展览馆等的室内外地面和墙面的装饰。

无釉的细炻砖、炻质砖，是专用于铺地的耐磨砖。

①细炽砖　分有釉和无釉两种，无釉应用更为广泛，主要用于铺贴地面，因其采用难熔黏土，采用半干压法，所以更耐磨。可分为平面、立体浮雕面和防滑等多种形式，颜色有素色和斑点，多用于地面，特别是防滑无釉细炻地砖，多用于平台、浴室、卫生间地面。

规格（mm）：50×50、100×100、100×50、108×108、150×150、150×75、152×152、200×100、200×50、200×200、300×200、300×300。

②彩胎砖　是一种本色无釉瓷质饰面砖，它采用仿天然岩石的彩色颗粒土原料混合配料，压制成多彩坯体后，经高温一次烧成的陶瓷制品。表面呈多彩细花纹，富有天然花岗岩的纹点，有红、绿、黄、蓝、灰、棕等多种基色，多为浅色调，纹点细腻，色调柔和莹润，质朴高雅。主要规格有（mm）：200×200、300×300、400×400、500×500、600×600等，最小尺寸5mm×95mm，最大尺寸可为600mm×900mm。

彩胎砖表面有平面和浮雕型两种，又有无光与磨光、抛光之分。吸水率小于1%，抗折强度大于27MPa，其耐磨性很好，特别适用于人流大的商场、剧院、宾馆、酒楼等公共场所地面的铺装，也可用于住宅的墙地面装修，均可获得甚佳的美观和耐用效果。

③大颗粒瓷质砖　是在瓷质抛光砖的基础上，受天然花岗石启迪创新而成的又一装饰材料，大颗粒瓷质砖是在白色基料中加入色料为其着色，再经喷雾干燥制成彩色粉料。混合粉料后压制、干燥、施釉烧制成彩色斑点的砖块。大颗粒是专用造粒机加工出1~7mm的颗粒，抛光后，瓷质砖呈现出大斑点，表面极其光滑，既仿花岗岩饰面外观效果，又没有花岗岩的放射性元素。具有很好的耐磨、耐压、耐腐蚀、耐冻、防污效果，用在公共建筑室内外地面、

墙面均可。

它除具有花岗石一样的质感外，还具备了色彩斑斓、色差小、光泽度高、无细裂石纹、无有害辐射等花岗石不具备的优点，是一种可以替代花岗石的饰面材料。

3.4.1.3 劈离砖

劈离砖又名劈裂砖、双合砖，是将一定配比的原料，经粉碎、炼泥、真空挤压成型、干燥、高温烧结而成。由于成型时双砖背联坯体，烧成后再劈离成两块砖，故称劈离砖。劈离砖首先在原联邦德国兴起与发展，不久在欧洲各国引起重视，继而被世界各地竞相仿效。

劈离砖种类很多，色彩丰富，有红、红褐、橙红、黄、深黄、咖啡、灰白、黑、金、米、灰等10多种颜色，颜色自然，不褪不变；表面质感变幻多样，细质的清秀，粗质的浑厚；表面上釉的，光泽晶莹，富丽堂皇；表面无釉的，质朴而典雅大方，无反射眩光。

劈离砖坯体密实，强度高，其抗折强度大于30MPa；吸水率小；表面硬度大，耐磨防滑，耐腐抗冻，耐急冷急热。背面凹槽纹与黏结砂浆形成楔形结合，可保证铺贴砖时黏结牢固。主要成分是页岩、耐火岩黏土，辅助色料，经过混合配比、细碎、脱水、干压、高温烧结而成。在坯料加入红泥原料，瓷砖色彩多样，自然纹理是人工模仿无法达到的。加入高价色料，在低温下煅烧，可以烧制出介于红青色之间的艺术瓷砖。主要用于墙砖、地砖、角砖、踏步砖。劈离砖有倒钩状砂浆槽，呈燕尾状凹槽，所以铺贴时牢固，尤其在高层建筑上。相比釉面砖，劈离砖更密实、抗压性强，抗折强度大于20MPa，吸水率低于6%。耐磨、耐久、耐腐蚀，防滑，无釉的原始色具有朴实、自然、柔和效果，施釉后光泽感强、高贵。

墙砖规格（mm）：240×115、240×52、240×71、200×100，劈离后单块砖的厚度为11mm。

地砖规格（mm）：200×200、240×240、300×300、200×75，单块砖厚度为14mm。

踏步砖规格（mm）：115×240、240×52，单块砖厚度为11mm或者12mm。

劈离砖适用于各类建筑物的外墙装饰，也适用于楼堂馆所、车站候车室、餐厅等室内地面铺设。厚砖适用于广场、公园、停车场、走廊、人行道等露天地面铺设，也可用作游泳池、浴池池底和池岸的贴面材料。

图3–3 劈离砖

3.4.1.4 玻化砖

玻化砖又称全瓷玻化砖、玻化瓷砖，是采用优质瓷土经高温焙烧而成。玻化砖经过机械研磨、抛光，表面呈镜面光泽。玻化砖的烧结程度很高，“玻化”的意思就是烧透的瓷砖。表面不上釉，其坯体属于高度致密的瓷质坯体。玻化砖具有天然石材的质地，而且具有高光度、高硬度、高耐磨、吸水率低，色差少以及规格多样化和色彩丰富等优点。它的结构致密、质地坚硬，耐磨性很高，同时玻化砖还具有抗折强度高（可达27MPa）、吸水率低（<0.5%）、抗冻性高、抗风化性强、耐酸碱性高、色彩多样、不褪色、易清洗、洗后不留污渍、防滑等优良特性。这种高强度、高密度的大规格瓷质玻璃砖，装饰在建筑物外墙壁上能起到隔声、隔热的作用，而且它比大理石轻便，质地均匀致密、强度高、化学性能稳定。瓷质砖是多晶材料，主要由无数微粒级的石英晶粒和莫来石晶粒构成网架结构，这些晶体和玻璃体上都有很高的强度和硬度，晶粒和玻璃体之间具有相当高的结合强度，而且由现代工艺制作的瓷质玻化砖，其色彩、图案、光泽等都可以人为控制，如改变其着色原材料的品种、比例及工艺，可使玻化砖具有不同的纹理、斑纹或斑点，或使玻化砖获得酷似天然大理石、花岗石的质感与效果。

玻化砖按照表面的抛光情况可以分为抛光

和哑光两种，目前最为常见的是抛光。主要规格为（mm）：300×300、350×350、400×400、450×450、500×500等。此外，还有踢脚板玻化砖和带有防滑沟槽的玻化砖等。

玻化砖属于高档装饰材料，适用于写字楼、酒店、饭店、娱乐场所、广场、停车场等的室内外地面、外墙面等的装饰。玻化砖由石英砂等矿物和黏土按照一定比例配比、混炼、煅烧成型，玻化砖的特点是亮丽莹润，是高级地砖，吸水率小于等于0.5%，抗折强度大于27MPa。可谓是高耐磨，低吸水率，高强度，且耐酸耐碱，表面平整，光泽莹润，富丽名贵的优质产品。

仿花岗石砖是一种全玻化、瓷质、无釉墙地砖。成分包含高塑性黏土、石英、长石和添加辅助原料，在窑内一次烧成。高强度，低吸水率，可制成无光面或抛光面。规格有（mm）：200×200、300×300、400×400、500×500，厚度为8mm和9mm。

3.4.1.5 陶瓷锦砖

陶瓷锦砖俗称陶瓷马赛克，是由优质黏土加入着色剂，经过高温烧制，以半干法压制成型的陶瓷制品，各种颜色花色，多种形状。具有抗压、耐磨、耐火、吸水率小、不褪色的特点。多用于卫生间、厨房、餐厅、实验室等墙面和地面。也可用于装饰外墙线条。按表面分成有釉和无釉两种，按颜色可分单色、混色、拼花三种。产品边长小于40mm，又因其有多种颜色和多种形状，拼成的图案似织锦，故称作锦砖（什锦砖的简称）。锦砖按一定图案反贴在牛皮纸上，每张约为300mm×300mm见方，称为一联，面积约为0.09m^2，施工时将每张纸面向外，贴在半凝固的水泥砂浆面上，用木板压面，使之贴平实，待砂浆硬化后洗去纸。陶瓷锦砖质地坚实、经久耐用、色泽多样、美观，通常为单色或带有色斑点，并且具有抗腐蚀、耐磨、耐火、吸水率小、强度高、易清洗、不滑、不易碎裂，不褪色等特点。可用于工业与民用建筑的清洁车间、门厅、走廊、卫生间、餐厅盥洗室、工作间、化验室、居室的内墙和地面装修，并可用来装饰外墙面或横竖线条等处。施工时可以用不同花纹和不同色彩拼成多种美丽的图案。锦砖除了可以制成各种形状和色彩外，还可以利用现有的品种进行各种拼花图案和壁画的设计和生产。通过对绘画原稿进行再创作，经过放大、制版、刻画、配釉、施釉和焙烧等一系列工序，采用漫、点、涂、喷和填等多种工艺，使制品具有神形兼备的艺术效果。

边长通常小于40mm，规格有（mm）：18.5×18.5、39×39、39×18.8，还有六角形等形状，厚度一般5mm，与墙砖相比，马赛克的价格略低，面层薄，重量轻。

3.4.1.6 微晶玻璃陶瓷复合板

微晶玻璃陶瓷复合板是将一层2~4mm的微晶玻璃熔块平铺于普通瓷质砖基板上，一起进行烧成处理，制备出表层为微晶玻璃、基底为普通陶瓷的复合材料，方便清洁维护，避免了天然石材的放射性危害。

微晶玻璃陶瓷复合板生产工艺精细，可用加热方法，制成所需的各种弧形、曲面板产品。其具有强度高、防污、防碱等优点，适用于高级公共建筑的墙面和地面装饰材料。

由于微晶玻璃陶瓷复合板集玻璃、陶瓷、石材的优点于一体，其坚硬耐磨性，表面硬度、抗折强度、耐酸碱度、抗腐蚀性等方面均优于花岗石和大理石。它色泽自然、晶莹通透、永不褪色。结构致密、晶体均匀、纹理清晰，具有玉质般的感觉，因而它被广泛应用于宾馆饭店、礼堂、高级写字楼等公共场所。其装饰效果典雅、豪华气派。

规格（mm）：100×100、150×150、150×75、115×60、200×100、200×200、240×65、130×65、250×150、260×65、300×300、300×150、300×200、500×500、600×600，其他规格和异形砖根据双方协定制作。

3.4.1.7 新型功能装饰陶瓷

随着科技进步，很多新功能装饰陶瓷材料出现，例如，调温调湿陶瓷——可调节室内温度，降低化学成分含量；自洁保健陶瓷——

含有纳米二氧化钛，这种成分可以增加灰尘和水与瓷砖表面的接触角度，使灰尘很容易融合水珠滑落，还能够杀菌抗菌；发光陶瓷——瓷砖的釉面添加了仅能够在紫外线下产生荧光的颜料；超轻陶瓷——自重超轻，在黏土中加入中空树脂填料，密度下降到0.3，强度却丝毫未减，可用于铺盖屋顶，重量轻，耐地震；柔软弯曲陶瓷——在黏土中加入橡胶，具有柔软性的陶瓷，同样不易碎、阻燃、隔声；防盗陶瓷——当陶瓷击碎时会响起警报，因为陶瓷中加入了金属丝与报警系统相连。

3.4.1.8 建筑琉璃制品

以黏土为主要成分，经过成型、干燥、素烧、施釉、釉烧等工序，表面施彩色铅釉，色釉包括黄、绿、蓝、白等。建筑琉璃制品是中国传统建材，如古典建筑屋顶结构使用的琉璃瓦、檐口、墙壁、柱头，还有经过艺术加工，成特定形状的琉璃制品。琉璃瓦因为价格昂贵，主要用于具有传统风格的建筑物如亭台楼阁、宫殿等。琉璃瓦包括板瓦、筒瓦，造型各异，色彩有黄绿、翠绿、宝蓝、金黄等，尽显荣华富贵。

琉璃制品的性能标准，通常要求吸水率为8%~15%，抗折强度大于7.5MPa，光泽度大于60。

3.5 应用和选购

（1）外观是否平整，是否有瑕疵（斑点、裂纹、缺釉）。将几块砖平放在一起，看是否有鼓翘，周边是否重合平齐。

（2）拎着瓷砖角，使瓷砖下垂，轻敲瓷砖中下部，声音越清脆，品质越高，声音越沉闷，品质越差。

（3）测量砖的尺寸，看误差是否在标准范围内。一般长度和宽度的误差上下不超过0.8mm，厚度误差不超过0.3mm。

（4）查看砖的出厂检验报告，并核对是否与实物相符。瓷砖中有辐射，尤其抛光砖中超白砖的辐射更强，彩釉砖表面放射性比普通砖高，因此要核对产品放射性检测报告。A最好，B次之，C最差。

（5）光污染也是要考虑的环保问题，某些墙面和地面瓷砖，光反射高达90%，超过人体承受范围，也损害人体健康。居家装修最好考虑哑光砖，或者用地板代替。如果使用抛光砖，就要考虑好灯的选择，避免直射或者反射的光线伤到眼睛。白色和金属色瓷砖反光较为强烈。

（6）可以用钥匙划一下瓷砖正面，检验耐磨度，1~5度，度数越高瓷砖耐磨性越好。

复习与思考

1. 陶瓷的生产原料有哪些？

2. 陶瓷饰品表面最常见的装饰方法有什么？

3. 为什么釉面砖在施工前先要在水中浸泡？

第 4 章 玻璃

玻璃作为采光材料已有4000多年的历史。早在古罗马时代，人们就做出了平板玻璃，2000多年前，带色的玻璃碎片被人们嵌入厚重的石材或石膏中。铅条玻璃起于中世纪。那时玻璃是被嵌入有延展性的铅框中。玻璃是构成现代建筑的主要材料之一。随着现代建筑的发展，玻璃正在向多品种、多功能方向发展。例如，玻璃及其制品已由单纯作为采光和装饰，逐渐向着能控制光线、调节热量、节约能源、控制噪声、降低建筑物自重、改善建筑环境等智能方向发展，同时用套色、磨光、刻花等方法提高玻璃的装饰效果。具有高度装饰性和多种适用性的玻璃新品种不断出现，为室内装饰装修提供了更多的选择性。

玻璃是一种非结晶无机材料，主要原料是石英砂、纯碱、石灰石、长石，辅助原料加入着色剂、助熔剂、脱色剂、澄清剂、乳浊剂等，高温熔融、成型、固化。玻璃的主要成分是二氧化硅，氢氧化钠或碳酸钠、石灰和少量氧化铝、氧化钾和各种榄香素混合控制颜色，然后加热形成玻璃。这种材料虽然看似稳定，但实际上是一种过冷液体，非晶态的微观结构。

4.1 玻璃的性能

4.1.1 玻璃的热能性

玻璃是不良导热体，比热0.33~1.05kJ/（g·K），导热系数一般为0.75~0.92W/（m·K）。

玻璃的导热性能差，导致其热稳定性也比较差，热量无法迅速传递到玻璃上。根据玻璃厚度的不同，产生的内应力也不同，玻璃的抗压强度高于抗拉强度。在高温下玻璃会发生软化，因此产生变形。

4.1.2 玻璃的光学特性

透射是指光线能透过玻璃，用透射率来表示玻璃透光能力的大小。清洁无色的玻璃透射率可达到85%~90%，玻璃越厚透射率越小。有颜色的吸热玻璃透射率会低一些，镀膜玻璃的透射率只有10%~25%。反射是指玻璃阻挡光纤，按一定角度反射出去。普通玻璃的反射率在5%左右，镀膜玻璃和热反射玻璃的反射率可以达到10%~50%。要求透光的玻璃反射率低，用于遮光的玻璃反射率大。

玻璃吸收一部分通过的光线，用吸收率表示，普通无色玻璃对可见光的吸收率很低，对红外线和紫外线的吸收率较大。

4.1.3 玻璃的力学特性

普通玻璃的抗压强度为600~1200MPa，抗拉强度为40~80MPa，抗折强度为50~130MPa。玻璃是易碎品，但耐磨，耐划。

4.1.4 玻璃的化学特性

玻璃化学性能稳定，耐腐蚀，耐酸性强，但耐碱性较差。长期受水汽影响，表面会产生水解，玻璃中的碱性氧化物会与空气中的二氧化碳结合，生成碳酸盐，生成白色斑点，发霉。

图4–1 玻璃

4.2 玻璃的分类

玻璃的品种很多，可以按化学组成、制品结构与性能等进行分类。

4.2.1 按玻璃的化学组成分类

（1）钠玻璃

钠玻璃主要由氧化硅、氧化钠、氧化钙组成，又名钠钙玻璃或普通玻璃。含有铁杂质，制品带有浅绿色。钠玻璃的力学性质、热性质、光学性质及热稳定性较差，可用于制造普通玻璃和日用玻璃制品。

（2）钾玻璃

钾玻璃是以氧化钾代替钠玻璃中的部分氧化钠，并适当提高玻璃中氧化硅含量制成。它硬度较大，光泽好，又称作硬玻璃。钾玻璃多用于制造化学仪器、用具和高级玻璃制品。

（3）铝镁玻璃

铝镁玻璃是以部分氧化镁和氧化铝代替钠玻璃中的部分碱金属氧化物、碱土金属氧化物及氧化硅制成的。它的力学性质、光学性质和化学稳定性都有所改善，用来制造高级建筑玻璃。

（4）铅玻璃

铅玻璃又称铅钾玻璃、重玻璃或晶质玻璃。它是由氧化铅、氧化钾和少量氧化硅组成。这种玻璃透明性好，质软，易加工，光折射率和反射率较高，化学稳定性好，用于制造光学仪器、高级器皿和装饰品等。

（5）硼硅玻璃

硼硅玻璃又称耐热玻璃，它是由氧化硼、氧化硅及少量氧化镁组成。它有较好的光泽和透明性，力学性能较强，耐热性、绝缘性和化学稳定性好，可用来制造高级化学仪器和绝缘材料。

（6）石英玻璃

石英玻璃是由纯净的氧化硅制成，具有很强的力学性质，热性质、光学性质、化学稳定性也很好，并能透过紫外线，用来制造高温仪器灯具、杀菌灯等特殊制品。

4.2.2 按制品结构分类

（1）平板玻璃

①普通平板玻璃　包括普通平板玻璃和浮法玻璃。

②钢化玻璃。

③表面加工平板玻璃　包括磨光玻璃、磨砂玻璃、喷砂玻璃、磨花玻璃、压花玻璃、冰花玻璃、蚀刻玻璃等。

④掺入特殊成分的平板玻璃　包括彩色玻璃、吸热玻璃、光致变色玻璃、太阳能玻璃等。

⑤夹物平板玻璃　包括夹丝玻璃、夹层玻璃、电热玻璃等。

⑥复层平板玻璃　普通镜面玻璃、镀膜热反射玻璃、镭射玻璃、釉面玻璃、涂层玻璃、覆膜（覆玻璃贴膜）玻璃等。

玻璃的厚度通常从2.5mm（也称单层）至3mm（称为双强度）不等。特定窗口的玻璃厚度取决于光线的大小和玻璃上预期的最大风荷载。

对于窗户相对较小的低矮建筑，一般玻璃18英寸*厚。对于较大的窗户和高层建筑的窗户，风速快，通常需要更厚的玻璃。高层建筑模型在设计过程中建立了预期的最大风压和窗上的吸力。由于不可避免的玻璃制造缺陷，以及玻璃在安装过程中和在使用过程中损坏的可能性，必须对一定数量的损坏有所预期。按照评估玻璃结构稳定性和断裂概率的标准程序来确定玻璃厚度、给定尺寸、支撑条件和风压窗口的破损。

（2）玻璃制成品

玻璃制成品包括中空玻璃、玻璃增化、雅化、彩绘、弯制导制品及幕墙、门窗口、玻璃微珠制品、玻璃雕塑、玻璃绝热和隔声材料，如泡沫玻璃和玻璃纤维制品等。

4.2.3 按装饰用途分类

①装饰玻璃　可用于制作玻璃隔墙、玻璃台面、玻璃墙面、玻璃地板、玻璃饰品等

②卫浴玻璃　可用于制作玻璃洗手盆、淋浴房、浴室镜等。

③家居玻璃　可用于制作玻璃家具、玻璃用具，如酒杯、花瓶等。

4.2.4 按玻璃的性能分类

①普通玻璃　如普通门窗玻璃、各种装饰玻璃。

*1英寸=2.54cm。

②节能玻璃　如吸热玻璃、热反射玻璃、中空玻璃等。

③安全玻璃　如钢化玻璃、夹丝玻璃等。

4.3　玻璃的生产

4.3.1　玻璃的原料

玻璃的原料比较复杂，按其作用可分为主要原料与辅助原料，主要原料构成玻璃的主体，并确定了玻璃的主要物理化学性质；辅助原料赋予玻璃特殊性质和给制作工艺带来方便。

（1）玻璃的主要原料

①硅砂或硼砂　硅砂或硼砂引入玻璃的主要成分是氧化硅或氧化硼，它们在燃烧中能单独熔融成玻璃主体，相应地称为硅酸盐玻璃或硼酸盐玻璃。

②苏打或芒硝　苏打和芒硝引入玻璃的主要成分是氧化钠，它们在煅烧中能与硅砂等酸性氧化物形成易熔的复盐，起助熔作用，使玻璃易于成型。但如含量过多，将使玻璃热膨胀率增大，抗拉度下降。

③石灰石、白云石、长石等　石灰石引入玻璃的主要成分是氧化钙，增强玻璃化学稳定性和机械强度，但含量过多使玻璃折晶和降低耐热性。

白云石作为引入氧化镁的原料，能提高玻璃的透明度，减少热膨胀及提高耐水性。长石作为引入氧化铝的原料，可以控制熔化温度，同时提高耐久性。此外，长石还可提供氧化钾成分，提高玻璃的热膨胀性能。

④碎玻璃　一般来说，制造玻璃时不是全部用新原料，而是掺入15%~30%的碎玻璃。

（2）玻璃的辅助原料

①脱色剂　原料中的杂质如铁的氧化物会给玻璃带来色泽，常用纯碱、碳酸钠、氧化钴、氧化镍等作脱色剂，它们在玻璃中呈现与原来颜色的补色，使玻璃变成无色。此外，还有与着色杂质能形成浅色化合物的减色剂，如碳酸钠能与氧化铁氧化成三氧化二铁，使玻璃由绿色变成黄色。

②有色剂　某些金属氧化物能直接溶于玻璃溶液中使玻璃着色。如氧化铁使玻璃呈现黄色或冰氧化锰能呈现紫色，氧化钴能呈现蓝色，氧化镍能呈现棕色，氧化铜和氧化铬能呈现绿色等。

③澄清剂　能降低玻璃溶液的黏度，易于溢出而澄清。常用的澄清剂有白砒、硫酸钠、硝酸钠、铵盐、二氧化锰等。

④乳浊剂　能使玻璃变成乳白色半透明体。常用乳浊剂有冰晶石、氟硅酸钠、磷化锡等。它们能形成0.1~1.0μm的颗粒，悬浮于玻璃中，使玻璃乳浊化。

4.3.2　玻璃的制造工艺

玻璃的制造工艺因制品种类不同而有所不同，但基本上均需将各种原料混合后在高温下熔融，然后用不同的成型方法将玻璃液体冷凝成不同形状的固体。制造方法大致如下：

（1）计量与配料

将主要原料及其他辅助原料，根据所生产的玻璃种类要求按比例配合后搅拌均匀。

（2）熔融

混合好的原料在1400~1600℃的高温窑内进行熔融，窑的一端不断供料，熔融的玻璃液连续从另一端流出。

（3）澄清

玻璃原料熔化后、结晶遭破坏，同时，硫酸盐、碳酸盐分解产生二氧化碳、二氧化硫、三氧化硫等气体，产生气泡，必须加入澄清剂清除气洞。采用澄清剂，产生的大气泡在上升过程中将小气泡吸收排除，使玻璃液得以澄清。

（4）成型

熔融玻璃达到成型温度后渐渐冷却，根据用途成型为需要形状。平板玻璃的成型方法有延压法、垂直引上法、水平拉引法、浮法等。

①压延法　是将熔融的玻璃液流到铁板上方后利用水平冷金属压辊将玻璃展延成玻璃、由于玻璃处于可塑状态下压延成型，因此会留下压弧的痕迹。压延法常用于生产压花玻璃、

波形玻璃和夹丝玻璃。

②垂直引上法 是用引上机将熔融的玻璃液垂直向上拉引成型，分为有槽法和无槽法。

③水平拉引法 是将熔融玻璃液向上拉引70cm后绕经转向辊再沿水平方向引出成型。这一方法便于控制拉引速度，可以生产特厚和特薄的玻璃及波形玻璃。

④浮法 是使熔融的玻璃液流入锡槽，在干净的锡液表面上自由平摊、成型后逐渐降温退火，获得表面平整、光洁，且无波筋、波纹，光学性质优良的平板玻璃。浮法是目前最先进的玻璃生产方法。该玻璃具有平整度高和厚度调节范围大等特点，其光学性能：折射率约为1.52，透光率82%~87%。浮法玻璃按厚度分为3mm、4mm、5mm、6mm、8mm、10mm、12mm、25mm等几类。最大为3300mm×11 500mm。浮法生产的玻璃经过深加工后可制成各种特种玻璃。目前，浮法玻璃主要用作汽车、火车、船舶的门窗挡风玻璃，建筑物的门窗玻璃，制镜玻璃以及玻璃深加工原片。

4.4 玻璃制品的加工和装饰

成型后的玻璃制品一般不能满足装饰性或适用性，需要进行加工，以得到不同要求的制品。加工后的玻璃不仅外观与表面性质得到改善，同时也提高了装饰性。

建筑玻璃的加工与装饰方法主要有以下几种。

4.4.1 研磨与抛光

为了使制品具有需要的尺寸和形状或平整光滑的表面，可采用不同磨料进行研磨，开始用粗磨料研磨，然后根据需要逐级使用细磨料，直至玻璃表面变得较细微。需要时，再用抛光材料进行抛光，使表面变得光滑、透明，并具有光泽。经研磨、抛光后的玻璃称为磨光玻璃。常用的研磨材料是金刚石、刚玉、碳化硅、碳化硼、石英砂等。抛光材料有氧化铁、氧化铬、氧化铯等金属氧化物。抛光盘一般用毛毡、呢绒、马兰草根等制作。

4.4.2 钢化、夹层、中空

钢化玻璃是在炉内将平板玻璃均匀加热到600~650℃之后，喷射压缩空气使其表面迅速冷却制成的，制品具有很高的物理力学性能。

将两块或两块以上的平板玻璃用塑料薄膜或其他材料夹于其中，在热压条件下使其组成一体即成夹层玻璃。

中空玻璃是将两块玻璃之间的空气抽出后充入干燥空气，用密封材料将其周边封固。

4.4.3 表面处理

表面处理是玻璃生产中十分重要的工序。其目的与方法大致如下。

（1）化学蚀剂

目的是改变玻璃表面质地，形成光滑面和散光面。用氢氟酸类溶液进行侵蚀，使玻璃表面呈现凹凸形或去掉凹凸形。

（2）表面着色

在高温条件下，金属离子会向玻璃表面扩散，使玻璃表面呈现颜色。

4.5 常见装饰玻璃

4.5.1 钢化玻璃

钢化玻璃比热强化玻璃具有更高的残余应力，其弯曲强度约为退火玻璃的四倍。如果它真的破裂，其内部应力的突然释放会立即将钢化玻璃变为小的方边颗粒，而不是长的锋利的碎片。钢化玻璃以其高强度，作为安全玻璃使用，也用于全玻璃门，可以没有框架，用于壁球和手球场的整个墙壁、外壳和篮球背板。钢化玻璃比热处理玻璃贵。它经常有明显的光学扭曲。此外，所有的切割尺寸、钻孔和边缘必须在玻璃热处理之前完成，因为热处理后的任何此类操作都会释放玻璃中的应力，使其解体。

4.5.2 夹层玻璃

夹层玻璃是通过在玻璃片之间把透明聚乙烯醇丁醛（PVB）作为夹层夹在玻璃片之间，并在热和压力下将三层黏合在一起而制成的。夹层玻璃的强度不如相同厚度的热处理玻璃强，但当夹层玻璃破裂时，软夹层将玻璃碎片固定在适当的位置防止他们从窗户的框架里掉出来。这使得夹层玻璃常用作天窗和头顶玻璃，因为它降低了在破损情况下对下面的人造成伤害的风险。夹层可以采用彩色或图案化，在夹层玻璃中产生广泛的视觉效果。 由于夹层玻璃在破碎时不会产生危险的、松散的玻璃碎片，所以它也作为安全玻璃。

夹层玻璃比实心玻璃更能阻挡声音的传递。它可用于住宅、教室、医院病房和其他必须保持安静的房间或环境中。与平板玻璃相比，夹层玻璃也降低了紫外线辐射透射率，阻挡内部家具和织物的褪色和退化。

夹层玻璃也用于防爆和风载碎片玻璃系统。

4.5.3 丝网玻璃

许多生产商都配备了用丝网印刷陶瓷基漆的玻璃表面。油漆主要由色素玻璃颗粒组成，称为熔块。碎屑已经印在玻璃上，玻璃被干燥，然后在回火炉中呈红色，将碎屑转化为坚硬的永久陶瓷涂层。多种颜色半透明或者不透明。碎玻璃丝网玻璃的典型图案是各种圆点和条纹图案，碎玻璃常被用来控制太阳光和热量进入空间。

4.5.4 彩色玻璃

彩色玻璃就是在生产玻璃的原料中加入不同的金属氧化物，使其产生不同的颜色。

4.5.4.1 彩色玻璃的优点

（1）美观装饰

由于彩色玻璃在加工过程中所添加的配料及后期加工均有不同，因此，彩色玻璃颜色、纹路及质感丰富各异，具有较强的装饰效果。在光线的作用下，会产生富有生命力的特殊效果，这是彩色玻璃最吸引人的地方。

（2）容易清洁

彩色玻璃极高的耐磨性质、特殊的制作工艺，决定其清洁方便容易。时间越久越能散发出稳重成熟的气质。

（3）不会褪色

彩色玻璃颜色是在生产过程中加入特殊颜料，经1800℃以上高温熔化，退火而形成，因此不会褪色。

（4）安全作用

彩色玻璃可以最大限度改观人们的视线，能在公共场所中起到很好的隔断和警示的作用。

4.5.4.2 彩色玻璃在装饰中的应用

彩色玻璃主要用于建筑物内外墙、门窗、隔断及对光线有特殊要求的位置。彩色玻璃在室内装修中的应用，大至窗户、幕墙、壁画、隔断，小至灯罩、灯箱、工艺品，构成了东方艺术一笔浓郁的色彩。光线的作用下的彩色玻璃，会在室内产生绚丽多彩、奇妙的效果，光与影展现了彩色玻璃的强大魅力。

4.5.5 自动清洗玻璃

玻璃往往会产生污垢，必须定期内外清洗，以保持其透明度。自动清洁玻璃表面涂有氧化钛。这件外套作为一种催化剂，使阳光能够将有机污垢转化为二氧化碳和水。它也会导致雨水以薄片的形式从表面流下来，不受催化剂的影响，水片能比珠状水更有效地去除这些物质。涂层只适用于玻璃的外部，因此，玻璃的内部表面必须手动清洗。

4.6 应用

玻璃有悠久的历史，是建筑室内外装饰常用材料之一。玻璃在建筑中扮演着许多角色，表现出许多形式，哥特式教堂的窗户是由数千块宝石般的彩色玻璃制成的；伊丽莎白时代的装饰窗户，用小的钻石窗格镶在墙中；摩天大楼在反光玻璃的表面闪闪发光，映照着天空……

在建筑中巧妙地使用玻璃对我们享受建筑有很大的贡献，但轻率地使用玻璃会使建筑失去吸引力，居住不经济和不舒服。一些玻璃生产涉及产生潜在的不健康或造成污染的废物材料。例如，传统的镜面玻璃制造会产生酸性废物，高浓度的铜或铅。然而，最近用更环保的生产技术制造的镜面玻璃已经上市。目前正在努力将废弃玻璃回收利用。例如，玻璃集料（已经熔化并迅速淬火以捕获重金属和其他污染物的玻璃）可以用于沥青、混凝土、建筑瓷砖。

玻璃是惰性的材料，不影响室内空气质量。它很容易保持清洁，没有霉菌和细菌。但如果使用不当，玻璃可能会导致夏季过热，冬季热损失过度，视觉眩光，以及可能损坏其他建筑部件的水分凝结。使用性能良好的玻璃可以在冬季将太阳热量带入建筑物，并在夏季将其排除在外，从而节省供暖和冷却能源。它可以把日光带到没有眩光的建筑中，减少照明用电和照明产生的冷却负荷。因此，玻璃是每一座能源建筑的关键组成部分。

《国际建筑规范》规定了确定必要的玻璃厚度以抵抗风和其他结构荷载的结构标准。 在有飓风的沿海地区还要求窗户或窗户覆盖物满足对可能被大风吹倒的物体的冲击的要求。

为了避免玻璃掉落伤人，建筑规范要求危险的位置必须是某种类型的安全玻璃，当它断裂时，不会产生大的、锋利的、潜在的致命碎片。满足要求的安全玻璃包括钢化玻璃、夹层玻璃和塑料板。

室内装饰玻璃随着科技的进步开发出很多新功能，朝着多功能复合化方向发展，如可进行光催化降解大气中工业废气和有机污染物，杀菌、去污、自洁功能。智能型玻璃可以自我诊断、调试、修缮，未来室内装饰玻璃的研发会更智能。

购买时首先注意玻璃是否具有3C标志，是否有气泡；轻敲玻璃表面，清脆的声音说明内部结构比较均匀；图案是否清晰，色调是否协调；如果是钢化玻璃制品，是否抗撞击，其边缘是否圆润。

复习与思考

1. 简述平板玻璃的性能，分类和用途。

2. 吸热玻璃和热反射玻璃性能上和用途上的区别是什么？

3. 什么是浮法玻璃，其主要特点是什么？

第5章 木材

建筑工程应用木材已有悠久的历史，举世称颂的古建筑之木构架、木制品等巧夺天工，为世界建筑独树一帜。岁月流逝，木质建筑历经千百年而不朽，依然显现当年的雄姿。而时至今日，木材在建筑结构、装饰上的应用仍不失其高贵、显赫地位，并以它质朴、典雅的特有性能和装饰效果，在现代建筑的新潮中，为我们创造了一个个自然美的生活空间。木材作为建筑装饰材料，具有许多优良性能，如轻质高强，强度高，有较高的弹性和韧性，耐冲击和振动；易于加工；保温性好；大部分木材都具有美丽的纹理、装饰性好等特点。但木材也有缺点，如内部结构不均匀，对电、热的传导极小，易随周围环境湿度变化而改变含水量，引起膨胀或收缩；易腐朽及虫蛀；易燃烧；天然疵病较多等。然而，由于高科技的参与，这些缺点将逐步消失，将优质、名贵的木材旋切薄片，与普通材质复合，变劣为优，满足消费者对天然木材的需求。

5.1 树木的构造

木材属于天然建筑材料，其树种及生长条件的不同，构造特征有显著差别，从而决定着木材的使用性和装饰性。木材的宏观构造，是指用肉眼或放大镜所能看到的木材组织。木材由树皮、木质部和髓心等部分组成。髓心在树干中心，质松软，强度低，易腐朽，易开裂。对材质要求高的用材不得带有髓心。木质部是木材的主要部分，靠近髓心颜色较深的部分，称为心材；靠近横切面外部颜色较浅的部分，称为边材；在横切面上深浅相同的同心环，称为年轮。年轮由春材（早材）和夏材（晚材）两部分组成。春材颜色较浅，组织疏松，材质较软；夏材颜色较深，组织致密，材质较硬。相同树种，夏材所占比例越多，木材强度越高，年轮密而均匀，材质好。从髓心向外的辐射线，称为髓线。髓线与周围联结弱，木材干燥时易沿此线开裂。

5.2 软木和硬木

软木来自针叶树，硬木来自阔叶树。这两种类型的木材之间的区别是很大的。 针叶树具有细长的叶子，高直的树干，顺直的纹理，如松树、杉树、柏树，其材质较软，强度较高，相对耐腐蚀性好，具有相对简单的微观结构，主要由大的纵向细胞和一小部分径向细胞组成。针叶树在横切面上看不到管孔，也叫无孔材。

硬木结构更加复杂，如榆树、椴木、榉木、水曲柳、柞木。树叶宽大、树干通直的部分比针叶树要短，材质较硬，相对难加工，其密度大，干缩时候变形严重，容易开裂，容易翘曲，用在尺寸较小的构件。其漂亮的纹理适合制作家具和室内装饰。阔叶树主要由导管、木纤维、髓线构成，其横截面上可见导管的管孔，也叫有孔材。

在选择室内装饰木材时，首先从是否有孔选择，再按材质、色泽、纹理识别树种。硬木射线的百分比要大得多，两种不同类型的纵向细胞、垂直细胞结构比软木更复杂，具有较大的孔隙。一些硬木的孔隙细胞非常均匀，除了分散的树脂、导管外，颗粒结构几乎是看不见的。目前，大多数用作建筑框架的木材来自软木，这类资源相对丰富和廉价。现有物种随地理位置的变化而变化很大。木材是唯一可再生的主要结构材料，当一座建筑物被拆除时，木框架构件可以直接回收到另一座建筑物的框架中，锯成新的木板或木材。

5.3 木材的特点和性能

5.3.1 木材的特点

木材根据功能不同可加工成木条、木板、原木、枕木、原条（未加工但修枝叶剥皮的木材）。

木材的优点很多，质量轻，强度高，柔韧性和弹性好，可以承受冲击和震荡，易加工。导电性低，花纹自然美观，装饰效果好，给人质朴、自然、典雅的感觉。缺点是内部不均匀，易燃，不耐腐，招虫。

5.3.2 木材的性能

（1）含水率

树木的密度一般为1.48~1.56g/cm³，表观密度一般在0.4~0.6g/cm³。木材含水率指所含的水占木材质量的百分比，分为自由吸附水（细胞腔和细胞间隙的水分）、化合水吸附水（细胞化合成分的水）、化合水（组成细胞化合成分的水）。木材的纤维饱和度是指当吸附水达到饱和时，没有自由水情况下的含水率，在25%~35%。这是判定含水率是否影响强度和热胀冷缩性能的临界点。平衡含水率是指恒定的含水率，这是随空气湿度变化而变化的，温度降低、湿度提升时平衡含水率增大，反之减少。新砍伐的木材含水率一般大于35%，风干木材的含水率为15%~25%，干燥木材在室内的含水率为8%~15%。湿气大的时候木材吸收水分会膨胀，木材从潮湿到干燥状态，含水率在纤维饱和点以下，木材会收缩。

（2）强度

一块木头的强度取决于它的种类、等级和载荷对其晶粒的作用方向。

允许强度（包括安全因素在内的结构应力）随种类和等级的变化而变化很大。只有木材和钢材具有有用的抗拉强度。无缺陷木材在单位重量强度的基础上可与钢相媲美，在设计木制结构时，建筑师或工程师确定每个结构构件中可能发生的最大应力，并选择适当的种类和等级。结构等级越高，应力越大。但结构等级越低，木材的成本就越低。木材构件的大小随湿度和温度的变化而变化。在炎热、干燥的地方，木材框架可能会缩小到大大低于其原始测量尺寸。常用阔叶树的顺纹抗压强度为49~56MPa，针叶顺纹抗压强度为33~40MPa。强度也会随着含水率、温度等环境因素的变化而变化。在纤维饱和点以下，含水率增加，强度会下降，反之则强度提升。含水率对顺纹抗剪强度较小。木材受热高于140℃时会逐渐碳化，甚至易燃。因此温度大于60℃的环境不适合使用木材。

木材的持久强度是指长期承受负荷而不损坏的能力，持久强度为极限强度的50%左右。

（3）硬度和耐磨性

木材的硬度是指抵抗外物进入木材的能力。

木材的耐磨性指抵御磨损的能力。不同的树种，耐磨性也不同，如荔枝木、红豆木耐磨性最强。

5.3.3 木材的防腐和防火

可以用化学处理来抵消木材的两个主要弱点：燃烧性；对腐烂和昆虫攻击的易感性。完成阻燃处理是通过将木材放置在容器中，并用某些化学盐在压力下浸渍，大幅降低其燃烧性能。经过阻燃处理的木材价格昂贵，所以很少使用，它的主要用途是在房屋的屋顶护套和框架的非结构隔墙和其他内部组件。

化学防腐剂可使真菌无法寄生，有水溶性、油质和膏状三种。水溶性防腐剂包括氟化物、氯化锌、硅氟酸钙等。这类防腐剂主要用于室内木材装饰的防腐。油质防腐剂的效力更强，毒性持久，有刺激味道，木材经过处理会变黑，所以多用于室外、地下，主要是煤焦油混合防腐油。膏状防腐剂是由粉末状防腐剂结合油质防腐剂和胶结使用。经过防腐剂处理的木材暴露在室外，如海洋码头、栅栏和甲板，或用于高白蚁风险的地区，经杂酚油处理的木材的气味、毒性和不油漆性使其不适合建筑施工的大多数用途。五氯苯酚也是浸渍作为油溶液，并与其他油性防腐剂并用。防腐剂处理的木材通常被称为压力处理的木材，但更准确地说，是指阻燃和防腐剂处理，因为这两种处理都是典型的采用压力浸渍工艺。木材变色到腐朽主要是真菌侵入导致的，真菌分为变色菌、霉菌和腐朽菌，变色菌和霉菌导致木材变色发霉，危害相对较小，腐朽菌寄生在木材细胞壁中，吸收了细胞力的养料，使木材腐朽，逐渐破坏。真菌需要温度和水分的环境才能存活和繁殖。

防腐剂存在潜在的危险，必须采取适当的预防措施。硼酸化合物，如硼酸钠（SBX），对人类的毒性最小。防腐剂可以刷或喷在木材上，但长期的保护（30年及以上）只能通过压力浸渍来完成，这使防腐剂化学物质深入木材。为了提高吸收，在木材表面开一系列小切口，称为切割，提高化学防腐剂的使用效果，但也在一定程度上降低了木材构件的结构能力。用水性盐处理的木材可以在不干燥的情况下出售，但经过处理后烘干的木材更轻、更稳定。任何特定木材产品所需的防腐剂浓度各不相同，取决于特定的处理化学品、木材种类和环境。某些种类木材的心材对腐烂和昆虫具有天然的抵抗力，可以代替防腐剂处理的木材。如红木、雪松为耐腐物种，红木和雪松对白蚁有抗性。防止木材腐朽就需要让木材远离水，含水率要控制在20%以下，保持干燥，注意通风、排湿，对木结构表面进行刷漆，油漆的涂层会隔离空气和水，也增加了美观。

当温度达到220℃的时候，木材就会燃烧，并释放出可燃气体和活化基，要想阻止和延缓木材燃烧，可以使用含磷的化合物抑制高温下木材的热分解，阻止燃烧。还可以利用含结晶水的盐、硼化物、氢氧化钙、氢氧化镁等，减少热量传递。磷酸盐遇热会变成强酸。木材脱水碳化后导热能力仅为原来三分之一。这还能稀释阻断周围的氧气浓度，在高温下形成玻璃状的覆盖层，阻止固相燃烧。另外，磷酸盐在高温下形成玻璃状液体，覆盖在木材表面，卤化物遇热会分解成卤化氢，可以稀释可燃气体。通常会选用两种以上的成分结合使用，相互补充，增加阻燃效果。可以选择在木材表面涂敷防火材料，也可以选择常压浸注和加压浸注两种，第二种阻燃剂浸注更深，阻燃性大幅强于前者。

5.4 木材的分类

建筑中使用的许多木材被加工为成品，如层压木材、木板或各种类型的复合材料。这些产品最初的设计是为了弥补实木结构构件的一些缺点。然而，随着森林质量的下降和对可持续性的新认识，这些产品已具有新的重要性。林产品工业的重点是最大限度地利用每棵树。木饰面板和木地板是主要两个产品。木饰面板用于比较高档的室内装修，有薄木装饰板和人造板两种。人造板是利用木材加工过程中剩下的边皮、碎料、刨花、木屑等废料，进行加工处理而制成的板材，如胶合板、刨花板等。

5.4.1 胶合板

大型结构构件通常是通过连接许多较小的构件而产生的，胶合板就是把原木旋切成薄片，再用胶黏剂按照各层纤维互相垂直的方向黏合热压在一起形成，木材可以层压成天然木无法获得的形状、曲线、角度和变化的横截面。常用水曲柳、椴木、桦木，还有进口的原木制成。胶合板和复合板的贴面是旋转切片，原木被热水浸泡以软化木材。然后，每个原木在一个大车床上旋转，与一把固定的刀相对应，这把刀剥落了连续的单板条，就像纸从轧辊上松开一样。

图 5–1 胶合板

在叠层构件中，要密切控制质量，在层压之前将缺陷从木材中切割出来，这在很大程度上消除了实木的扭曲，最坚固、最优质的木材可以放置在中间部分，受到最高的结构应力。叠层构件的制造增加了每个板脚的成本，但提供的结构构件尺寸小于同等承载能力的实心木材。

胶黏剂是根据水分条件选择的。任何尺寸的构件都可以层压，供住宅建筑使用的标准尺寸为79~171mm。常用的胶合板是三层或五层，最高层数为15层，如果胶水层压暴露在潮湿环境，层压还需要防腐剂处理，以防止腐烂。

胶合板的特点是材质均匀，强度高，吸水率低，不会轻易变形和翘曲，没有瑕疵，装饰性好。胶合板是使用最为频繁的饰面材料，也可以用来做家具，胶合板上可以喷各种颜色的油漆。胶合板包括NQF、NS、NC、BNS几种。NQF主要是耐沸水、耐高温胶合板，以酚醛树脂或优质合成树脂制成，主要用于室外、航空、船舶领域。NS是耐水胶合板，能在冷水中浸泡，可防虫、抗菌，是由脲醛树脂等胶合剂制成。NC是耐潮胶合板，以脲醛树脂和血胶等制成，用于家具等。BNS是一种不耐潮的胶合板，一般用于包装。

细木工板也是胶合板的一种，芯板是由木条拼接，表面用胶黏剂贴上木制的单板，也叫大芯板，是实心板材。按使用的胶黏剂不同分类，细木工板可以分为胶拼和非胶拼两种，按表面加工分为一面砂光和两面砂光、不砂光三种。细木工板的等级分为一、二、三共3个等级，规格尺寸有（mm）：915×915（1830，2135），1220×1220（1830、2135、2440），厚度为16mm、19mm、22mm、25mm。

5.4.2 结构复合木材

结构复合木材，也称为工程木材，是由木贴面和胶水制成的实木的替代品。分层木材是由切碎的木屑，涂上胶黏剂，压成矩形截面，并在热和压力下固化。复合木材非常适合用于框架。结构复合木材产品生产利用木材碎料、胶水，具有稳定性，结构强度高达常规固体材料的三倍，尺寸大、长度长，质量一致。但应注意产品中使用的胶黏剂类型和潜在挥发性有机化合物或甲醛。

5.4.3 木塑复合材料和非结构木材

（1）木塑复合材料

木塑复合材料产品由木材和各种类型的塑料制成，与其他成分混合，如紫外线稳定剂、颜料、润滑剂和生物杀灭剂，然后加热、压制、挤压或注射成型。与实木材料相比，木塑材料提供了更一致的材料质量，没有缺陷和变形。根据其配方，还有优越的抗水性能。它们主要用于外部装饰，如外部栏杆。与结构复合材料一样，木塑产品利用快速可再生或废弃材料进行生产，也有较高的回收材料含量。

最常见的木塑复合材料由聚乙烯或聚丙烯和木材共混而成，尺寸与传统的实木板相匹配，用耐腐蚀的钉子或螺丝紧固，或用与板边缘接合的隐蔽硬件紧固。提供各种免维护的颜色和纹理，在外观上与真正的硬木非常相似。

（2）纤维板

纤维板也叫密度板，是由木材和合成树脂胶黏剂制成，木屑、树皮刨花等植物纤维零碎料经过粉碎、水解、打浆、热压等工艺，导致面板的尺寸更稳定，更硬，更好地容纳紧固件，可用于橱柜、家具、模具、镶板等生产。纤维板根据体积密度从大到小分为硬质、半硬质和软质三种，根据表面分为一面光板和两面光板，根据原材料分为木材纤维板和非木材纤维板。硬质纤维板体积密度大于800kg/m³，耐磨、耐压，不易变形，强度大。半硬质也就是中密度纤维板体积密度为500~800kg/m³，根据质量分为特级、一级、二级。软质的纤维板体积密度小于50kg/m³，松软，吸声，保温。虽然名称相似，但应注意不要将中密度纤维板与中密度胶合板混为一谈。

（3）刨花板

刨花板是由小的木材颗粒组成，这些颗粒是由刨花、碎片、木屑切碎烘干搅拌、成型，高温高压并黏合到面板中，作为木材单板和塑料层压板的基材。它也通常用作底层面板，以创建一个特别光滑的基板。刨花板分A类和B类，规格有（mm）：1830×915，2000×1000，2440×1220，1220×1220。厚度分别为4mm、8mm、10mm、12mm、14mm、15mm、19mm、22mm、25mm、30mm。刨花板的生产工艺不同，在压制过程中刨花排列位置与板面平行制成的称为平压板。还有挤压板和滚压板，应用相对少一些。刨花板的特点是平整、结实、隔声、防潮、价格低、保温、握钉力好。造价比中密度板低，甲醛的含量比大芯板低很多，可以说是最环保的人造板材。刨花板的级别和质量差异很大，所以需要去辨别。

5.5 应用

木材与水泥、钢材并列为建筑工程的三大材料。木材，这一人类历史上最为古老的建筑材料，以其无与伦比的环保特性和可循环利用的再生特征，历经人类社会数千年的文明进化史，至今仍不失为一种优异的建筑材料而在现代建筑材料中占有重要地位。在室内装饰中，木材多应用在以下几方面。

5.5.1 木地板

木地板是室内装饰材料里最常用的材料之一，用于装饰地面。是由硬木和软木加工处理而成的。分为实木地板、强化木地板、实木复合地板、竹地板、软木地板。

（1）实木地板

实木地板的材料是天然木板材，通过干燥、锯、刨、磨等工序成实木地板。天然材质给人温馨、环保、舒适、典雅的感觉。一般实木地板存在天然缺陷，如虫蛀、易燃、膨胀变形。实木地板的国产材料有桦木、水曲柳、柞木等，进口的材料有印茄木、香脂木豆、重蚁木、四籽木、柚木等。实木地板分为平口实木地板（六面均为平直长方体）、企口实木地板（榫接地板，一侧为榫，一侧为槽，铺接时榫和槽扣紧不易变形）、指接地板（宽度相同、长度不一的木条黏结而成）、集成地板（也叫拼接地板，小木条以指接的方式，再将多片指接好的横向拼接而成）、拼花实木地板（把多条小木板以一定艺术性和规律性拼接成正方形，利用木材的天然色差，拼出效果）等。选择实木地板应注意要符合《实木地板国家标准》（GB/T 15036）的要求，判断是优等品、一等品还是合格品。不同品级外观允许瑕疵的数量、尺寸偏差也不同。还要考虑其含水率、涂膜能力和耐磨程度。规格从小到大有（mm）：400×400、500×500、600×600、（1830~4000）×（40~200）×（12~18）。

图 5-2 实木地板

（2）强化木地板

强化木地板是指多层浸渍热固性氨基树脂的饰面经过热压在刨花板或者中密度纤维板、高密度纤维板上形成，背面有平衡层，正面有耐磨层，还有装饰层、芯层、防潮层胶合而成。强化木地板的原料为速生树种，将木材打碎加工成高密度地板，所以十分环保且耐磨。耐磨层采用碳化硅盖在纸上，装饰层为电脑仿真印刷纸，能够模仿出各种天然花纹，三聚氰胺浸过的纸具有抗紫外线的特点，长期照射也不会褪色。防潮层采用有强度和厚度的浸渍三聚氰胺纸。

图 5-3 强化木地板

强化木地板耐磨，耐久，强度高，花纹和颜色多样，规格尺寸大，稳定性强，抗静电、耐污、耐腐蚀。但是胶合如果不牢固容易翘曲，不易修复。因为弹性较差，脚感没有实木地板好。胶合的时候会释放甲醛，一旦过量对人体有危害。《室内装饰装修材料人造板及其制品中甲醛释放限量》（GB/T 18580—2001）规定，室内甲醛释放量不大于 1.5mg/L，公共场所释放率不超过 0.12mg/m^3。规格有 285mm×195mm×8mm 长板，1212mm×195mm×8.3mm。由低到高分为 21~33 六个级别，21 适合家用，33 最高级耐用，适合公共场所用。

（3）实木复合地板

实木复合地板的表层为装饰性强的优质阔叶木，如水曲柳、桦树、枫木、樱桃木，基材为软质速生木或人造材，经过高温压制而成。结构为三层实木交错压制，厚度 0.2~1.2mm。实木复合地板与传统实木地板相比，优点是抗磨、抗变形能力提高，不容易翘曲，美观自然，脚感舒服也保温。其生产工艺相对复杂，成本较高但不用像实木地板安装那么复杂，不需要打龙骨。实木复合地板也用胶黏剂，含有甲醛，所以要按照《室内装饰装修材料人造板及其制品中甲醛释放限量》规定，实木复合地板需要达到 E1 级。A 级产品的释放量为 9mg/100g；B 级产品为 40mg/100g。水浸不得出现剥离现象。表面的耐磨损耗值在 0.08 以下为优质品，0.08~0.15 为合格品。漆膜不能脱离，静曲强度最低值为 30MPa，弹性模量最低值为 4000MPa。含水率在 5%~14%。

（4）竹地板

竹地板的主材料为竹子，经过碳化、蒸煮漂白、胶合、成型等工艺成竹地板。企口长条竹地板耐用、耐磨、不变形、防水，易于清理，本色为金黄色，有光泽、碳化竹地板为古铜色或者褐色。地板是高档室内装饰材料，挑选时看其表面是否有气泡、麻点、橘皮；看漆面是否饱满、光泽、平整；结构是否平衡。把地板拿在手中，如果较轻即为嫩竹、纹理模糊不清说明是陈竹。按结构不同分为径面竹木地板、弦面复合地板、单层侧拼竹地板、多层胶合竹地板；按表面颜色可分本色竹地板、漂白竹地板、深炭竹地板。

图 5-4 竹地板

（5）软木地板

软木地板的原料是质地较软、柔韧性好的木材，经过压制，烘焙等工艺成软木地板。软木是由蜂窝状细胞组成，受到压力时，细胞会收缩，使细胞内的压力升高，当外力取消时，细胞恢复原状。其密度小，导热性好，密封性好，无毒无味，耐腐蚀，吸热，舒适，不易燃烧，而且细胞化学稳定性强，不会老化，最重要是减震性强，吸声，环保，原材料可再生，可以取代地毯。

（6）地板的选购

①实木地板的选购 地板的质量分成三个等级：优等品、一等品、合格品。从外观来看，不能有表面腐朽、缺棱等现象。优等品和一等品表面不能有裂纹，合格品可以有两条。优等品、一等品允许有 2~4 个活节，合格品个数不限制。优等品不允许有死节和蛀孔，一等品可以有 2~4 个。实木地板刚去包装时，含水率指标为 7%，指标不合格就会发生翘曲、变形等。实木地板的耐磨指标为每 100r 优等品不大于 0.08g，一等品不大于 0.10g，合格品不大于 0.15g。如果不达标，会影响地板的使用寿命。漆膜附着力是指油漆在实木地板上的附着强度。不达标会出现开裂或剥落现象。优质品的附着力指标为 0~1 级，一等品不大于 2 级，合格品不大于 3 级。实木地板的规格（mm）有：900×90×18，600×75×18，厚度在 8~12mm。

②实木复合地板的选购　外观质量主要看光泽度，漆膜的丰满度，是否有明显缺陷、针粒状节，是否有压痕。表面是否有死节、冲孔、裂缝、夹皮。榫和槽是否完整且契合，产品的尺寸是否符合要求。甲醛释放量不能超过0.12mg/m^3，含水率达标为12%左右，胶合性能需要在水中测定。在有一定温度的水中浸泡，浸渍的剥离值是否够低，胶合强度是否够强。

③竹地板的选购　外观先看色泽，光泽度是否好和颜色是否匀称，地板表面的油漆是否有气泡、麻点、橘皮等。漆面是否平整、饱满。可用手掂其重量，如果轻就是嫩竹，反之则较陈。如果可以用开水煮，看胶合是否紧密，榫槽拼合是否合缝。

④强化木地板的选购　首先看产品出厂的质检报告，因为强化木地板是人造产品，从外观很难看出质量，需要看检测报告、注册商标、标识、厂家、型号、地址电话等。强化木地板表面有耐磨层，其耐磨转数一般在6000~18 000r，转数越高，耐久性越强。基材密度越大，产品的力学性能越好，抗冲击性越好。一般密度在0.82~0.94g/cm^3。膨胀率应该小于2%。甲醛释放浓度不能超过0.12mg/cm^3。还要考察表面的胶合强度；表面的装饰与基材之间的胶合质量差，会导致装饰层剥离；地板表面是否耐冲击，耐烧。

5.5.2　木装饰线条

木装饰线条选用的是硬木，经过干燥而成。可以油漆上色，也可以进行拼接和弯曲。花纹丰富自然，种类繁多，如压边线、墙线、顶棚角线、弯线。断面的形状有平线、半圆线、麻花线、十字花饰、梅花饰、叶形饰。木线的作用主要是连接、固定和装饰。按照硬度分为杂木线、白木线、水曲柳木线、核桃木线、柚木线。按照外形分为直角线、斜角线、外凸式、内凹式、嵌槽式等。可以作为门窗镶边、家具装饰、护墙板、勒脚压条等。木线的表面光滑，耐磨、耐腐蚀，不容易劈裂，易上色。

复习与思考

1. 人造板材主要有哪些种类?

2. 耐磨复合地板的结构和性能特点是什么?

3. 什么是木材的纤维饱和点?

4. 室内装饰木质材料主要有哪些?

第6章 水泥

水泥在粉末中，当与一定量的水混合时，变成糊状，经过物理和化学作用，浆料变成固体和石头状，可以结合非相干颗粒变成一个完整的实体。水泥浆可以在空气和水中硬化，并保持和发展其强度。水泥是一种重要的液压胶凝材料，是最重要的建筑材料之一。

6.1 水泥的技术性能和要求

水泥的常用技术性能和要求如下：

6.1.1 水泥的细度

水泥细度定义为水泥颗粒的粒径，直接影响水泥的性能和使用。如果水泥颗粒的尺寸较小，水化作用变得更加完整和充分，水化速度变得更快。

6.1.2 水泥浆体正常一致性用水量

为了比较水泥凝结时间和稳定性的测量结果，两种试验均应采用正常稠度的纯水泥浆体。在ISO标准中指定用浓度计（维卡装置）测量纯水泥浆体的稠度。当试棒沉入纯水泥浆中时，离底板6mm±1mm的净浆称为标准稠度水泥净浆；此时混合所消耗的水量是水泥浆（P）正常稠度的用水量，它以水泥质量的百分比计算。水泥黏结不同的成分消耗不同数量的水，以达到正常的稠度；较细的水泥消耗更多的水。硅酸盐水泥正常稠度用水量一般在24%~30%。

6.1.3 确定时间

设置时间分为初始设置时间和最终设置时间。前者是从水泥加水到水泥浆体开始失去可塑性的时期；后者是指水泥从接受水到水泥浆体完全塑性的时期。国家标准规定水泥凝结时间用凝结时间仪测定。硅酸盐水泥初凝时间不应小于45min；终凝时间不应超过6.5h。如果产品的初凝时间不符合国家标准，则将其归类为废物。

水泥的凝结时间在施工中是很重要的。其初凝时间应足够长，以确保足够的时间进行混凝土成型等程序；终凝时间不宜过长，以加快下一工序。

6.1.4 体积稳定性

水泥体积稳定性定义为水泥凝结硬化过程中体积变化的均匀度。如果体积变化均匀，则其体积稳定性视为合格，否则为不合格。不合格的体积稳定性可能会使水泥制品和混凝土构件产生膨胀裂缝，影响施工质量，甚至导致严重的工程事故。因此，体积稳定性不合格的水泥必须作为废品处理，施工中不应采用。

6.1.5 力量和力量水平

水泥的强度定义为其黏结能力，是评价水泥质量的重要指标，也是水泥强度分级的基础。国家标准《水泥砂浆强度检验方法（ISO法）》（GB/T 17671—1999）规定，水泥的强度采用塑料砂浆法测量。方法如下：采用40mm×40mm×160mm样品，将部分水泥混合在质量计数中，将ISO标准砂和塑料砂浆按0.50水灰比混合，取试验样品，包括其在水分条件下24h固化的模具，然后将其脱模并在标准温度的水中固化。分别测量抗压强度和折叠强度，然后将试验结果与国家标准进行比较，确定硅酸盐的强度水平。硅酸盐水泥的强度分别为42.5、42.5R、52.5、52.5R、62.5、62.5R。R代表早期高强度水泥。

6.1.6 水泥的水化热

当水泥与水相遇时，水化反应释放出来的热量称为水泥的水化热。水泥水化产生的大部分热量已在凝结初期释放出来硬化，例如，50%的硅酸盐水泥水化热在1~3d释放，7d高达75%，6个月高达83%~91%。较小的晶粒尺寸导致更快的水化速度；当加入加速剂时，更多的水化热将在早期释放出来。

6.1.7 碱含量

碱含量定义为水泥中氧化钠（Na_2O）和氧

化钾（K_2O）的含量。近年来，在混凝土中发现了许多碱性骨料反应结构，即水泥中的碱与集料中的活性二氧化硅之间的反应，产生膨胀的碱硅酸盐凝胶，使混凝土开裂。因此，当选择低碱水泥，按照国家标准的规定，水泥中的总碱含量不应超过 0.60%，或以双边协定为基础。

6.1.8 硬化水泥的腐蚀与预防

（1）硬化水泥的腐蚀

随着硬化，硅酸盐水泥的强度变强。但在特定的环境条件下，硬化的强度可能会减少，甚至可能导致混凝土的断裂，这种现象称为水泥的腐蚀。腐蚀类型主要包括软水腐蚀、碳酸腐蚀、一般酸腐蚀、强碱腐蚀等。

①软水腐蚀（溶解腐蚀） 又称淡水或溶解腐蚀。软水包括雨水、雪水、蒸馏水、工业凝结水、来自含有较少碳酸氢盐的河流和湖泊的水。长期与水接触，水泥中的氢氧化钙可以溶解出来（每升水可以溶解超过 1.3g 氢氧化钙）。

在施工实践中，以后与水相遇的水泥构件应事先在空气中硬化一定时间，以产生碳酸钙的覆盖，这有助于防止溶解腐蚀。

②碳酸腐蚀 通常有大量的二氧化碳溶解在工业污水和地下水中。水中的二氧化碳与硬化水泥中的氢氧化钙反应，生成碳酸钙；如果碳酸钙继续与碳酸水反应，会产生碳酸氢钙，很容易溶于水。随着碳酸氢钙的溶解损失和溶解在水泥的其他成分中，硬化水泥可能会遭受结构断裂。

③一般酸腐蚀 在工业废水、地下水和沼泽水中，有一定量的无机酸和有机酸对硬化水泥有不同的腐蚀影响。当酸与硬化水泥中的氢氧化钙反应时，酸或者溶于水，或者导致体积膨胀，这可能导致硬化水泥的断裂。而且，由于氢氧化钙的严重损失，硬化水泥的碱度下降，其他水合物分解较大，因此水泥的强度急剧下降。

④强碱腐蚀 一般情况下，当碱溶液不处于高浓度时，腐蚀非常轻微，被认为是无害的。但当铝酸盐含量较高的硅酸盐水泥与强碱（NaOH，KOH）相遇时，它会被腐蚀和损坏。

⑤硫酸盐腐蚀 大多数硫酸盐（不包括硫酸钡）对硬化水泥有很强的腐蚀作用，主要是由于硬化水泥中硫酸盐与氢氧化钙的置换反应，即 Cr 硫酸钙（脱水石膏），硫酸钙将与硬化水泥中的固体铝酸钙水合物反应，生成高硫硫酸钙—铝酸盐水合物。

⑥镁盐腐蚀 通常地下水、海水和其他工业废水中存在一些镁盐，如氯化镁和硫酸镁。这些镁盐可能与钙反应，氢氧化镁在硬化水泥中生成可溶性钙盐和非相干氢氧化镁。它们的化学方程式是：

$$2H_2O+Ca(OH)_2+MgCl_2=CaCl_2+Mg(OH)_2$$

$$Ca(OH)_2+MgSO_4=CaSO_2\cdot 2H_2O+Mg(OH)_2$$

总之，硫酸镁具有两种镁的双重腐蚀。

（2）硬化水泥腐蚀的预防

从上述六种腐蚀类型来看，这主要是因为内部成分（如氢氧化钙和水合铝酸钙）和硬化水泥不致密和压实，腐蚀性介质侵入造成腐蚀。为了防止这种情况发生，必须采取以下办法。

①科学选择水泥 根据腐蚀性环境的特点，采用合适的类型。如果硬化水泥要遭受软水腐蚀，则应选择氢氧化钙较少的水合物水泥（如三硅酸钙含量较低的水泥）；如果要遭受硫酸盐腐蚀，则应选择较少三钙的抗硫酸盐水泥铝酸盐；掺加外加剂的水泥具有增强的耐蚀性。

②增加水泥的致密性 提高施工质量和水泥的密实度是防止硬化水泥腐蚀的重要措施。密实度较高的硬化水泥具有较强的抗渗性，腐蚀性介质很难侵入。因此，在施工实践中，可以采取合理的配合比、降低水灰比、分级和添加添加剂、提高骨料质量等措施。此外，将混凝土表面碳化以使其更致密，也可减少腐蚀性介质。

6.2 水泥的分类

6.2.1 硅酸盐水泥

硅酸盐水泥的原料主要是石灰质原料和黏土原料两种，石灰质原料主要提供 CaO，它可以采用石灰石、白垩、石灰质凝灰岩等。黏土质原料主要提供 SiO、AlO 及少量 FeO，可以采用黏土、黄土等，硅酸盐水泥的生产步骤大体如下：

先把几种原料按适当比例配合，在研磨机中磨成生料粉末，再将生料入窑进行煅烧；然后将烧好的熟料配以适量的石膏及混合料，在研磨机中磨成细粉，即得到水泥。熟料是水泥的主要有效成分。硅酸盐水泥的性能是由其组成矿物的性能决定的。

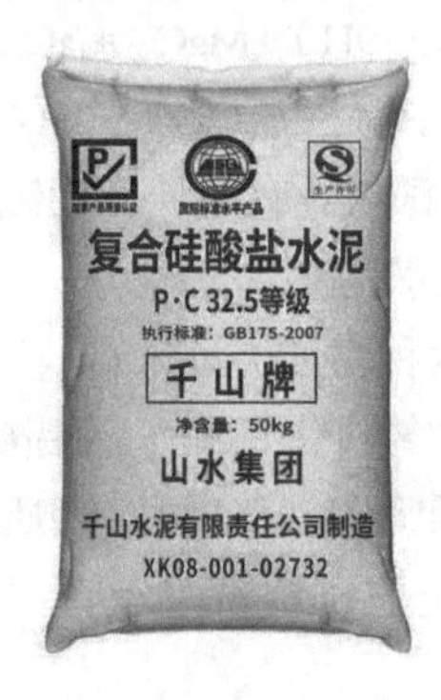

图 6-1 硅酸盐水泥

硅酸盐水泥强度高，凝结硬化块，主要用于建筑结构的高强度混凝土工程。按照国家标准，硅酸盐水泥分为 42.5（要求试件 28d 时的抗压强度不低于 42.5MPa）、42.5R、52.5、52.5R、62.5、62.5R 六个强度等级。其中代号 R 表示早强型水泥。

6.2.2 普通硅酸盐水泥

普通硅酸盐水泥是由硅酸盐水泥熟料加 6%~15% 混合材料及适量石膏磨细制成的水硬性胶凝材料，简称普通水泥。其性能与硅酸盐水泥相近。但由于掺了少量混合料，与硅酸盐水泥相比，早期硬化稍慢。普通水泥分为 32.5、32.5R、42.5、42.5R、52.5、52.5R 六个强度等级。常用于建筑装饰的是 32.5、42.5、52.5 级。

6.2.3 白色硅酸盐水泥

白色硅酸盐水泥俗称白水泥，是采用含极少量着色物质的原料，如纯净的高岭土、纯石英砂、纯石灰石等，在较高温度下烧成熟料（其熟料成分主要还是硅酸盐），加入适量石膏共同研磨而成。白色硅酸盐水泥的性质与普通硅酸盐水泥相同。白色硅酸盐水泥分为 32.5、42.5、52.5 和 62.5 四个强度等级。

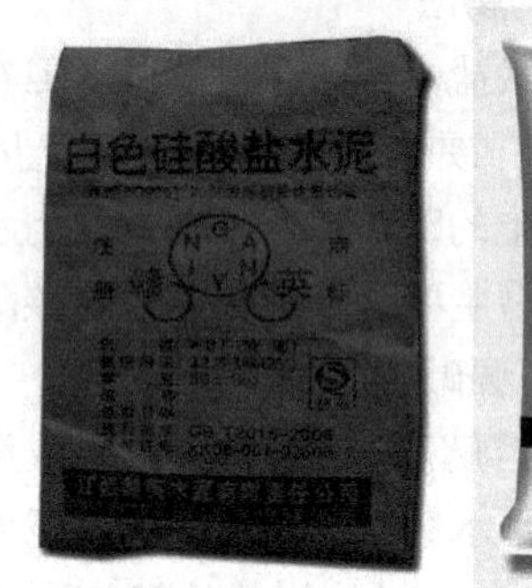

图 6-2 白色硅酸盐水泥

6.2.4 彩色硅酸盐水泥

彩色硅酸盐水泥的生产有间接法和直接法两种。

（1）间接生产法

间接生产法是指白色水泥或普通水泥在粉磨时（或现场使用时）将彩色颜料掺入，混匀成彩色水泥。制造红、褐、黑等较深色彩色水泥，一般用硅酸盐水泥熟料；制造浅色彩色水泥，用白色硅酸盐水泥熟料。

（2）直接生产法

直接生产法是指在白色水泥生料中加入着色物质，煅烧成彩色水泥熟料，然后再加入适量石膏磨细制成彩色水泥。着色物质为金属氧化物或氢氧化物。

常用的彩色掺加颜料有氧化铁（红、黄、褐、黑），二氧化锰（褐、黑），氧化铬（绿），钴蓝。

6.2.5 纳米水泥

纳米水泥是一种新型水泥，是在普通水泥中加入纳米矿粉或者纳米金属粉末达到纳米水泥的性能。纳米水泥的强度、硬度、舒缓老化性、耐久性等性能均有显著提高。加入的纳米材料不同，纳米水泥也就具有不同的性能。纳米水泥是一种仅为3mm厚度的面层材料，可以在混凝土、自流平、瓷砖、地板等任何材料面上直接使用，而不需要将原来的旧地面铲掉。

纳米水泥的优点：

（1）黏度强

无论是何种材质的地面墙面，旧的或新的，纳米水泥都可以很好地结合，因为纳米水泥有很强的黏接性能。

（2）导热快

因为纳米水泥仅为3mm，比普通水泥更薄，导热性能也更强。

（3）高耐磨

纳米水泥具有很强的耐磨性，能适用于重型货车及人流密集的地方。

（4）运用灵活

由于纳米水泥的以上优点，它可以作为地面、墙面材料，可以在各个空间内使用。

在建筑和装饰工程中，通常采用白色水泥和彩色水泥等装饰水泥来生产彩色水泥浆、装饰砂浆和建筑混凝土，利用装饰材料本身的纹理和颜色来美化结构，为建筑物的内部或外部装饰服务。有时，水泥作为大理石和花岗岩的集料制成胶凝材料，并将它们混合在一起，生产花岗岩石膏和水磨石混凝土，用于建筑饰面装饰。

随着清水混凝土风格风靡全国，水泥风也逐渐被更多人接受和喜爱，很多业主都将纳米水泥装饰使用在了家装中。借助于纳米水泥的特性，借助于设计师的创意，除了墙、地、顶面的整体应用，纳米水泥还可以延伸出很多各具特色的区域应用。应用于客厅背景墙，可以多种方案组合，多种色彩选择，实现清水混凝土质感，另类风格彰显不凡品味；应用于餐厅、厨房、卧室的地面，直接涂装在地面防水防油，质感细腻、温润，营造出一种富有品质的就餐空间；应用于休息空间，给人简单的现代感，远离烦躁，打造安静、舒适空间；应用于浴室，防水防滑，硬度高，实现功能性与美观性的高度统一。

复习与思考

1. 影响硅酸盐水泥凝结硬化的因素有哪些？

2. 水泥的凝结时间为何对水泥混凝土和砂浆施工有重要意义？

3. 室内装饰中常用的水泥有哪些？是如何应用的？

第 7 章
混凝土和砂浆

混凝土是由胶凝材料、粗集料和细集料以及其他掺合料组成的一种人工石料，通过共混、模压和固化处理以及一定时期的硬化形成，它是世界上消耗最大的建筑材料。砂浆是将胶凝材料、水和细集料混合在一起制成的。

7.1 混凝土

7.1.1 分类

根据胶凝材料，分为普通混凝土（水泥混凝土）、沥青混凝土、水玻璃混凝土和聚合物混凝土。根据性能特征，分为防水混凝土、沥青混凝土、水玻璃混凝土和聚合物混凝土。根据体积密度，分为重型混凝土（表观密度大于 250kg/m³）、普通混凝土（表观密度在 1950~2500kg/m³）和轻质混凝土（表观密度小于 1950kg/m³）。

7.1.2 特点

混凝土在建筑工程中应用广泛，与其他材料相比有许多优点，当然也有一些缺点。优点：原料来源丰富，成本低；在设置前具有良好的塑性，适应不同的形式和尺寸，根据施工要求制作物品和部件；抗压强度高，耐久性好；钢筋混凝土与钢筋结合，黏结力强，坚固耐用；通过调整配方比例，可以生产出具有特殊结构的混凝土。缺点：表观密度大，拉伸强度低，自重大，维护时间长，导热系数大，耐高温能力弱。

7.1.3 原料

普通混凝土是由水泥、水、天然砂（细骨料）和石骨料（粗骨料）四种基本材料以及一定量的外加剂和添加剂组成。水和水泥混合成水泥浆体，覆盖石骨料，填补其中的所有空隙。这样，混凝土就制成了。砂是主要聚集元素，因此，它们被称为集料，抵抗水泥浆体的收缩。水泥浆体在硬化前具有润滑性和流动性，便于施工；硬化后，起到凝聚、强结合砂石骨料的作用，形成强度高的固体人造石。在普通混凝土中水泥占 10%~15%，水的用量为水泥质量的 0.4~0.7 倍，其余为砂、石子。砂、石子比例大约为 1∶2。此外，混凝土中还或多或少的有一些空气，其体积约为混凝土的 1%。

混凝土的性质在很大程度上是由原材料的性质及其相对含量决定的。因此必须了解其原材料的性质、作用和质量要求。合理选择原材料及相对含量，才能保证所配制混凝土的质量。

7.1.3.1 水泥

水泥作为混凝土中的胶结材料，是混凝土强度的来源。在组成混凝土的四种主要材料中，只有水泥是人工材料，是价格最贵的原材料。在配制混凝土时，合理选择水泥品种和强度等级是决定混凝土强度、耐久性及经济性的重要因素。

水泥品种主要是根据混凝土工程的特点及所处的环境加以选择。水泥强度等级的选择应与混凝土设计强度等级相当，过高或过低均对混凝土的技术性能和经济性带来不利的影响，一般以水泥强度等级为混凝土 28d 强度的 1.5~2.0 倍为宜。

7.1.3.2 骨料

粒径大于 5mm 的岩石颗粒称为粗骨料，粒径在 5mm 以下的称为细骨料。混凝土中常用的粗骨料有碎石和卵石两种，常用的细骨料是天然砂，包括河砂、海砂和山砂。对混凝土用骨料的基本技术要求有以下几个方面：

（1）含泥量、有害杂质

含泥量是指砂、石骨料中粒径小于 0.080mm 的颗粒含量。这些颗粒黏附于砂、石骨料表面，影响水泥浆与骨料的胶结，降低混凝土强度。有害杂质是指砂、石中含有的云母、轻物质（质量密度小于 2000kg/m³）、硫化物、硫酸盐、氯盐和有机物等。这些有害杂质均会给混凝土的技术性能带来不利的影响。

砂、石中的有害杂质含量应符合《普通混凝土用砂标准及检验方法》（JGJ 52—1992）及《普通混凝土用碎石或卵石质量标准及检验方法》（JGJ 53—1992）的规定。

（2）颗粒级配和最大粒径

颗粒级配是指骨料颗粒大小搭配的情况。级配良好的骨料颗粒搭配合理，可以获得较小的空隙率和总表面积，这样可以节约水泥，使混凝土拌合物的和易性良好，提高混凝土的密实度，进而提高混凝土的强度和耐久性。

粗、细骨料的级配均采用筛分析法测定。

粗骨料的级配有连续级配和间断级配两种。连续级配是石子由小到大各粒径均占有一定的比例，这种级配方式在工程中采用的较多。间断级配是指在连续级配的石子中，人为地剔除某些粒径的石子，用小粒径的石子直接和大粒径的相配。这种级配的骨料空隙小，节约水泥，但混凝土拌合物易产生离析现象，在工程中应用较少。工程中选用粗骨料时，在满足级配范围的条件下，应尽量选择公称粒级大一些的，这样骨料的最大粒径（公称粒级的上限为该粒级的最大粒径）可以减小骨料的比表面积，从而减少水泥用量。但粗骨料的最大粒径也不宜过大。从结构上考虑，粗骨料最大粒径不得超过结构截面最小尺寸的1/4，也不得大于钢筋最小净距的3/4，对混凝土实心板，粗骨料的最大粒径不宜超过板厚的1/2，且不得超过50mm。

（3）骨粒的颗粒形状和表面特征

粗骨料中，凡颗粒长度大于该颗粒所属粒级平均粒径的2.4倍者，称为针状颗粒；厚度小于平均粒径0.4倍者，称为“片状颗粒”。这类形状的骨料不能太多，否则会严重降低拌合物的和易性和混凝土的强度。粗骨料中针片状颗粒含量对一般的混凝土不得大于25%；C30以上混凝土不得大于15%。

骨料的表面特征对混凝土的性能有很大影响。碎石和山砂表面粗糙，棱角较多，与水泥黏结力强，能提高混凝土强度，但拌制的拌合物和易性较差。卵石和河砂、海砂表面光滑，近于圆形，拌制的混凝土拌合物和易性好，但与水泥的黏结力较弱。因此配制高强混凝土常采用碎石。

（4）粗骨料的强度

粗骨料在混凝土中起骨架作用。为了保证混凝土的强度，粗骨料必须具有足够的强度。石子的强度用岩石立方体抗压强度或压碎指标值表示。

岩石立方体抗压强度是将5cm×5cm×5cm的立方体试件，在水饱和状态下测得的极限抗压强度。压碎指标是用间接方法测得的粗骨料抗压强度，方法是取10~20mm级气干状态的石子试样，放入标准的圆桶内，按规定施加压力。卸荷后测粒径小于2.5mm的碎粒占试样总量的百分比，此百分比即为压碎指标。压碎指标越小，粗骨料的强度越高。

7.1.3.3 拌合及养护用水

一般来说，凡可饮用的自来水或天然水均可用来拌制和养护混凝土。地表水、地下水必须按标准，经检验合格后方可使用。当对水质有疑问时，必须将该水与洁净水分别制成混凝土试件，进行强度对比试验。

（1）混凝土外加剂

混凝土外加剂是指在拌制混凝土过程中，掺入的用以改善混凝土性能的物质，其掺入量不多（一般不大于水泥质量的5%），但对改善拌合物的和易性，调节凝结硬化时间，控制强度发展和提高耐久性等方面，起着显著的作用。现代混凝土工程几乎离不开外加剂的参与。常用的外加剂有减水剂、引气剂、早强剂、速凝剂、缓凝剂、防水剂等。

（2）减水剂

减水剂是指能保持混凝土拌合物和易性不变，而显著减少拌合用水量的外加剂。按减水效果可分为普通减水剂和高效减水剂两类，是目前国内外应用最广、用量最大的一种外加剂。常用的品种有木质素系、树脂系、糖蜜系和腐殖酸系减水剂等几类。

（3）早强剂

能加速混凝土早期强度发展的外加剂称为早强剂。早强剂能促进水泥的水化与凝结硬化，缩短混凝土养护周期，加快施工进度，尤其是在低温、负温（不低于−5℃）条件下，作用更为突出。

目前，广泛使用的混凝土早强剂有三类，

即氯化物系、硫酸盐系和三乙醇胺系，但更多的是使用以它们为基材的复合早强剂。其中氯化物对钢筋有锈蚀作用，常与阻锈剂复合使用。

（4）引气剂

引气剂加入后能在混凝土中产生大量微小且均匀分布的气泡。这些气泡的直径0.05~1.25mm之间，大量的细微气泡在混凝土拌合物内如同滚珠一般，使混凝土拌合物的流动性有所提高。同时，由于大量细微气泡堵塞或隔断了混凝土中毛细管渗水通道，且气泡有较大的弹性变形能力，对混凝土所含水分受冻膨胀起到有效的缓冲作用，故可显著提高混凝土的抗渗性和抗冻性。

引气剂主要有三类：松香树脂类、烷基苯磺酸盐类和脂肪磺酸盐类。目前，应用最多的是松香热聚物和松香皂等。引气剂的掺量极少，一般为水泥质量的0.005%~0.01%。

（5）缓凝剂

缓凝剂是指能延长混凝土拌合物凝结时间，而不显著影响混凝土后期强度的外加剂。在混凝土施工中，能防止在气温较高、运距较长的情况下，混凝土拌合物过早发生凝结而影响浇筑质量，同时能减缓大体积混凝土的放热。

常用的缓凝剂有木质素磺酸盐类、糖类、有机酸类和无机盐类。目前应用的最多的是木质素磺酸钙和糖蜜。

（6）速凝剂

速凝剂是一种能使混凝土拌合物迅速凝结，并改善混凝土与基底黏结性和稳定性的外加剂。速凝剂主要用于矿山井巷、铁路隧道、地下厂房以及喷射混凝土或喷射砂浆等工程中。

7.1.4 技术性质

7.1.4.1 混凝土拌合物的和易性

和易性是指混凝土拌合物在一定的施工条件下，易于施工操作（拌合、运输、浇筑、捣实），并能获得均匀密实的混凝土的性质。和易性是一项综合的技术性质，包括流动性、黏聚性和保水性三个方面的含义。

流动性是指混凝土拌合物在本身自重或外力振捣作用下，能产生流动，并均匀密实地填满模板的性质。流动性的大小反映了混凝土拌合物的稀稠，是混凝土成型密实的保证。

黏聚性是指混凝土拌合物的组成材料之间具有一定的黏聚力，在施工过程中不产生严重的分层和离析现象。黏聚性良好的拌合物能使混凝土保持整体性均匀；黏聚性不好的拌合物，砂浆与石子容易分离，降低混凝土的密实度和硬化后的强度。

保水性是指混凝土拌合物具有一定的保持水分的能力，在施工过程中不致产生严重的泌水现象。保水性差会产生泌水现象，使混凝土浇筑表层形成疏松层，同时由于一部分水分从内部析出，形成泌水通道，产生孔隙，影响混凝土的密实性，并降低混凝土的强度和耐久性。

混凝土拌合物的流动性、黏聚性和保水性从三个方面反映了其与施工有关的性能，这三个方面既相互联系又相互矛盾。如黏聚性好往往保水性也好，但流动性增大时，黏聚性和保水性往往变差。因此，混凝土拌合物的和易性良好，就是这三方面性能在某种条件下的统一，与施工条件相适应的状况。

7.1.4.2 混凝土强度

混凝土凝结后的强度包括抗压强度、抗拉强度和抗弯强度等。其中抗压强度最高，抗拉强度最低。

（1）混凝土强度等级

根据立方体抗压强度标准值（以MPa计），混凝土分为12个强度等级：C7.5、C10、C15、C20、C25、C30、C35、C40、C45、C50、C55和C60。C40代表混凝土立方体抗压强度标准值，不同的混凝土强度水平表现出不同的可接受荷载。

（2）影响混凝土强度的主要因素

①水泥强度等级和水灰比　两者都是影响混凝土强度的重要因素。混凝土强度主要取决于硬化水泥的强度和水泥与集料之间的黏结力，两者都取决于水泥强度水平和水灰比。当使用相同的水泥时，较大的水灰比会导致混凝土强

度降低。

②养护温湿度　混凝土浇筑成型后，应保持一定的温度和足够的湿度，以保证水泥充分水化，强度提升。在保持一定湿度的条件下，较高的养护温度会加快水泥反应的速度，混凝土强度也会增长得更快；反之亦然。当温度直下降到 0℃，混凝土强度停止增长，甚至可能被冻结破坏。

③湿度　一定的湿度可以保证水泥水化的充分进展。如果湿度较小，混凝土会失水，水化停止，导致内部结构松散，开裂，干燥收缩，表面力量下降。为了保证混凝土成型后的正常硬化，必须对混凝土表面进行覆盖和浇水，使其在一定时期内保持足够的水分状态，按规范程序施工。

④龄期　是混凝土在正常养护条件下达到一定强度所需要的时间。在正常养护条件下，混凝土强度在 3~7d 内增长较快，后来变慢，在 28d 内达到设计强度，之后明显减速。在长期适宜的湿度和温度条件下，混凝土的强度增长将持续几十年。

⑤耐久性　是抵抗内外负面影响的能力。混凝土耐久性包括抗渗性、抗冻性、抗腐蚀性、抗碳化和碱化聚合反应等。

⑥抗渗性　是混凝土抵抗液压液体（水和油等）渗透的能力。它是决定混凝土耐久性的最重要因素，特别是在建造房屋屋顶、洗手间地板、基本设施和其他结构等。混凝土的抗渗性表现为抗渗性水平，分为 P4、P6、P8、P10 和 P12。它们分别代表能够承受 0.4MPa、0.6MPa、0.8MPa、1.0MPa 和 1.2MPa 的静水压力。在施工实践中，提高混凝土抗渗性的主要措施是降低水灰比，选择粒径分布良好、振动充分的骨料，添加引气剂等。

⑦抗冻性　是指在饱和状态下，经历多次冻融循环后，混凝土保持不破裂的能力，它表现为抗冻水平，抗冻能力有九个等级，如 F10、F15、F25、F50、F100、F150、F200、F250 和 F300，其中阿拉伯数字代表混凝土可以站立的冻融循环的最大时间。

⑧耐腐蚀　对混凝土的化学腐蚀主要是由于外部腐蚀介质反应所产生的硬化水泥的破坏所致。因此，混凝土腐蚀，阻力与水泥类型及其自身密度有关。封闭孔隙的致密混凝土具有较强的耐蚀性，因为腐蚀性介质很难侵入。

⑨防碳化和碱－骨料反应　碱－骨料反应定义为：水泥中的碱（Na_2O，K_2O）与骨料中的活性二氧化硅发生化学反应，形成骨料表面的复合碱－硅酸盐凝胶，吸水后凝胶体积膨胀（可能大于 3 倍），导致混凝土开裂和断裂。在施工实践中，必须采取相关措施防止碱－骨料反应的破坏。措施是控制水泥中的碱含量；在混凝土中加入引气外加剂以防止水侵入和保持混凝土干燥等。

7.1.5　观赏混凝土

观赏混凝土利用普通混凝土的优异塑性，采用适当的成分材料，赋予混凝土表面装饰线条风格、颗粒、纹理成型后的色彩效果，满足了建筑立面装饰的不同要求。

7.1.5.1　铸成品混凝土

铸态饰面混凝土利用混凝土结构或构件的条纹或几何形状，获得其装饰效果。它创造了简单、活泼和优雅的时尚生态效应。此外，凹凸不平纹也可以用造型板在构件表面制作，创造豪华的立面纹理，达到艺术装饰效果。

图 7–1　铸成品混凝土

7.1.5.2　彩色混凝土

彩色混凝土是在普通混凝土中添加一定的着色颜料而产生的。常用的混凝土着色方法是：

图 7–2　彩色混凝土

加入一定量的彩色外加剂、无机氧化物颜料和化学着色材料等，或直接分散着色硬化剂。

7.1.5.3　外露聚合混凝土

外露骨料混凝土生产工艺如下：在硬化前或硬化后，用一定的技术和方法适当地将骨料露出，达到一定的装饰效果，骨料的自然粗细分布和不规则分布。

生产外露混凝土的方法有：水冲洗、缓凝剂、酸洗工艺、水刷、喷砂、球喷、凿劈、喷火、劈裂等。水冲洗技术：是在水泥硬化之前，通过冲洗泥浆来暴露骨料。该方法仅适用于预制墙板的前压技术。缓凝剂技术：在现场施工时，采用模板、混凝土浇筑或预浇底压技术，工作面被模板遮蔽，泥浆不能及时冲走。然后需要缓凝剂来延缓硬化过程，并将冲洗时间推迟到脱模后。在混凝土浇筑前，将缓凝剂涂在底模上。

7.2　砂浆

砂浆由水泥、石灰膏、沙子和水成比例搅拌制成。建筑砂浆根据其采用的胶结材料不同，分为水泥砂浆、水泥石灰砂浆、石灰砂浆等；根据主要应用，分为砌筑砂浆和饰面砂浆。建筑砂浆应用于砌筑砖、砌石、砌块等，被称为砌筑砂浆。饰面砂浆又称抹灰砂浆，用于对结构和结构构件表面进行抹灰，具有保护、满足操作要求、提高艺术外观等功能。

图 7–3　砂浆

复习与思考

1. 试述混凝土的特点。

2. 试述普通混凝土四种组成材料的作用。

3. 什么是混凝土的和易性？

第 8 章
金属装饰材料

8.1 室内装饰钢

金属作为一种室内装饰材料有着悠久的历史。一般分为黑色金属和有色金属两类。黑色金属的基本成分是铁和铁合金，有色金属是其他金属（如铝、铜、铅、锡、锌以及其他合金等）的总称。钢是铁碳合金，是通过冶炼铁矿石制成的铁而产生的。钢与铁的区别是含碳量，钢碳含量为 0.04%~2.11%。碳含量的不同百分比导致钢、铁不同的变形。

钢材是建筑施工和装饰的重要材料。在施工实践中，将铁矿石冶炼成钢锭，然后加工钢锭，以不同截面材料的类型轧制和锻造，如角、梁、通道、棒材、管道、板和电线等。

钢具有质量均匀、抗张、抗破碎、抗冲击、抗疲劳等特点，能承受一定的弹性变形和塑性变形，也可用于焊接、铆接、切割和弯曲等工艺。因此，钢截面及其产品不仅适用于作为结构材料，而且也适用于作为建筑外墙、屋顶和不同吊顶龙骨的装饰骨架材料。钢制品（不锈钢、彩钢板和压型钢板等）被赋予不同的色彩和纹理，成为现代建筑内外装饰的高级装饰材料。

图 8–1　钢材

8.1.1 室内装饰钢的分类

（1）根据精炼方法分类

①根据炉型分为开炉钢、转炉钢（氧气转炉钢、气动钢）和电钢。

②根据脱氧程度分为对轮辋钢、砂钢、半砂钢和特殊砂钢。

（2）根据化学成分分类

①碳钢　低碳钢（碳含量小于 0.25%）；介质碳钢（碳含量 0.25%~0.60%）；高碳钢（碳含量大于 0.60%）。

②合金钢　低合金钢（合金元素总含量小于 5%）；中合金钢（合金元素总含量 5%~10%）；高合金钢（合金元素总含量大于 10%）。

钢不仅含有铁，还含有碳、硅、锰、硫、磷等次要元素。这些次要因素对钢材的性能有很大的影响。碳较少的钢具有较低的强度，但具有良好的塑性和冲击韧性，易于加工；碳较多的钢具有较高的强度，但塑性较小，因此其脆性大，强度增加，所以不易加工。硅和锰能够在不降低其塑性和韧性的情况下提高钢的强度值。在生产实践中，必须根据实际要求控制钢中合金元素的含量。在选钢时，不同元素的组成和含量应根据不同的应用来决定和控制，以满足对钢性能指标的不同要求。

（3）根据应用程序分类

①建筑钢；

②结构钢（碳钢和合金钢）；

③工具钢（碳素工具钢、合金工具钢和高速工具钢）；

④特殊性能钢（不锈钢、耐酸钢和耐热钢等）。

8.1.2 建筑钢材的技术性能

建筑钢材的技术性能包括力学性能（强度、韧性、硬度等）和工艺性能（冷弯和可焊性）等。

8.1.2.1 冷弯性能

冷弯是指钢材在常温下耐弯曲变形的能力。建筑装饰工程中使用型钢（角钢、扁钢）制作各种骨架时，常将钢材强制弯曲以满足外形的需要，这就需要钢材冷弯性能良好。冷弯性能是通过检验试件经规定的弯曲弯形后，弯曲处是否有裂纹、起层、鳞落和断裂等情况来评定的。钢材的冷弯性能越好，通常也表示钢材的塑性越好，同时冷弯试验也是对钢材焊接质量的一种检验，可揭示焊缝处是否存在缺陷和是否焊接牢固。

8.1.2.2 冲击韧性

冲击韧性指钢材抵抗冲击荷载作用而不破坏的能力，其使用在室外的钢构架经常受到可变风荷载和其他偶然冲击荷载的作用，钢材必须满足一定的冲击韧性要求。特别是在低温下，钢材脆性断裂，这种现象称为冷脆性，在北方严寒地区（低于 −20℃）使用的钢材要考虑对钢材冷脆性的评定。

8.1.2.3　可焊性

钢材的连接最常采用的是焊接，为保证焊接质量，要求焊缝及附近过热区不产生裂缝及变脆倾向，焊接后的力学性能，特别是强度不低于原钢材的性能。

可焊性与钢材所含化学成分及含量有关，含碳量高，或含较多的硫，钢材的可焊性都可能变差。

8.1.3　室内装饰钢的标准和选择

（1）普通碳钢

普通碳钢是普通碳素结构钢的短期。它需要更简单的精炼技术，但具有更好的工作性能，价格低廉，因此它被更多和更广泛地采用。常用的结构钢，如圆形、方形、角和通道以及板，都是普通碳钢。

（2）普通低合金钢

普通低合金钢是一种含有少量合金元素的普通合金钢。它是通过在钢中加入少量的合金元素（总含量不超过 5%）。它不仅有强度高、耐磨性和耐蚀性好的优点，而且成本也较低。它更适合于大跨度结构，特别是比普通碳钢节省更多的钢，因此广泛应用于建筑工程。

8.1.4　装饰工程中常用的钢材品种

常用的建筑钢主要包括钢筋、钢丝、钢绳、成型钢、钢板及钢管等。

（1）钢筋

根据钢筋类型，钢筋分为普通碳钢和普通低合金钢两种类型。根据形状，将其分为普通圆钢和变形钢筋（螺纹人字形和新月形等）。

（2）钢丝

钢丝采用冷拔 6~10mm 钢筋制作成丝，采用拉丝机制成。钢丝分为冷拔低碳钢丝和碳钢钢丝两种。

（3）钢绳

钢绞线是由 7 根 2.5~3.0mm 粗的拉伸碳钢丝绞合而成，以消除其内应力。具有强度高、柔韧性好等优点。主要用于大跨度桥梁、道路、天桥、大型房屋结构等。

（4）成型钢

成型钢在加热条件下加工钢锭，具有不同的截面形式，如圆形、方形、平面、六边形、角、工字钢和通道等。

①圆钢　主要用于生产钢筋、铆钉、螺栓和不同的机械所有零件等。

②方钢　主要应用于不同的钢结构、螺栓、螺母、钢筋以及不同的机械零件等。

③扁钢　它的截面形式是矩形，通常用作薄板、工具、机械零件、桥臂遥感和建筑桁架等。在铁艺装饰工程中，通常通过弯曲或扭曲等方法加工成铁艺配件。也适用于制作装饰制品等，如拉链门和栅栏等。

④六角钢　其主要用于生产螺母、钢钻和起重机、撬棍等。角钢又称角铁，分为等角钢和不等角钢两种。角钢是最基本的结构钢，可单独使用或组合使用。广泛应用于房屋、塔架、机械构件、装饰框架及构件等。

⑤工字梁　由两个法兰和一个腹板组成。工字梁广泛应用于厂房、架桥机、船舶及结构构件等。

（5）钢板

根据厚度，钢板分为薄钢板（厚度 <4mm）、中厚钢板（厚度 2.5~6.0mm）和超厚钢板（厚度 >6.0mm）；根据面部形状，分为平面和图案板。 钢板一般采用板材或卷材供应。薄板的规格用厚度 × 宽度 × 长度表示；卷材用 t 表示，厚度 × 宽度。

薄型钢板有两种：镀锌钢板和非钢板（黑色钢板）。镀锌板具有很强的防锈性，适合用作雨水喷口和通风管等。黑色板材主要用作屋顶板、附件、舞台和通道等。该板还用于制造水箱、储存箱和储存仓等。

中厚和超厚钢板主要应用于结构构件和装饰构件等。

（6）钢管

根据生产方法，钢管分为无缝钢管和焊接钢管；根据表面加工状态，分为镀锌管和非镀锌管；根据管壁厚度，分为普通钢管和厚钢管；根据截面形式，分为圆形和方形钢管等。

8.1.5 不锈钢

不锈钢是指添加铬、锰、镍等元素的合金钢。另外由于普通钢的性能，它具有优异的耐蚀性，因此其表面光滑，而且很容易清洗。不锈钢可制成板材、型材、管材等。此外，它在金属制品、水的生产中也被广泛采用，用作加热件和幕墙连接件等。不锈钢广泛应用于许多公共建筑（如写字楼、高级公寓、商业、建筑物和学校等）的装饰工程。

根据表面光泽度及其反射率，装饰不锈钢板分为镜板和哑光板；根据颜色，分为普通板和彩色板；根据表面形状，分为平板和浮雕板等。室内装饰工程中多采用普通不锈钢板。装饰工程常用的几种不锈钢有ICr17Ni8、ICr17Ni9和ICr18Ni17Ti等。代码的第一个数字代表钢中的平均碳含量。合金元素的含量仍以其元素符号后面的百分比表示。

（1）普通不锈钢板

普通不锈钢板，包括镜面板（抛光面）、磨砂板（无光面）和压花板，长度为1830mm，2440mm，3000mm，3600mm，4000mm，5000mm和6000m等，宽度为900~1200mm，厚度为0.35mm。适用于商店和酒店的墙壁和柱子的表面装饰，以及电梯门、门饰、装饰的生产应用，装饰踏板杆和容器。

①镜面　光滑明亮，对光照度的反射率大于90%，能反射图像，但不像玻璃镜那么清晰。这种板通常用于区域需要较高反射率的柱和墙。

②马特板　反射率小于50%的不锈钢板称为马特板，它反射温和而不刺眼的光线，在室内装饰中创造温和的艺术效果。

③压花钢板　表面不仅有光泽，还有三维浮雕装饰。它是通过滚动、研磨、侵蚀或雕刻（蚀刻）产生的。一般侵蚀或雕刻深度为0.015~0.5mm。侵蚀和雕刻需要常规的研磨和抛光，这是耗时和昂贵的。

④不锈钢管　有方形和圆形两种类型，用于扶手、不锈钢防盗门、隔离围栏和旗杆等。不锈钢可用于生产计数器，还用于制作招牌、天花板、车厢板和自动门、无框玻璃门和不锈钢门。

（2）彩色不锈钢板

①彩色不锈钢板的特点　彩色不锈钢是用化学涂层方法加工普通不锈钢板制成的。有许多颜色，如蓝色、灰色、紫色、红色、绿色、金黄色（钛板）和橙色，都有高光泽。颜色和光泽的色调随着不同的照明角度而变化。在200℃条件下，彩色表面层不发生变化或脱落，其颜色本身是耐用的，不褪色。彩色不锈钢的耐盐性也优于普通不锈钢，其耐磨性和耐刮擦性相对于箔涂层镀金。

②彩色不锈钢板的规格和性能　彩色不锈钢板通常为0.2~2.0mm厚，其长度和宽度与普通不锈钢板相同，也可根据实际需要进行加工。彩色不锈钢板可作为电梯笼板、车厢板、大厅墙板、天花板、室内装饰和招牌等。在高级建筑里，常用不锈钢反射率为24%~28%，最小为8%，略高于墙纸。

（3）彩色涂层钢板

彩涂涂层钢板又称彩钢板或塑料金属板，其制作方式为：采用冷轧板或镀锌板作为底座，连续化学处理和油漆涂层的表面，覆盖表面一层或多层高性能涂料、聚氯乙烯塑料薄膜或其他树脂表面涂料。无机涂料、有机涂料和复合涂料等，其中有机涂料多采用。彩色涂层钢板具有钢板和表面涂层的双重性能，在保持钢板强度和刚度的同时，增强了钢板的耐蚀性。可加工切割、弯曲、钻孔、铆接或边缘卷曲等，具有较强的绝缘性和抗温变、腐蚀和磨损能力。此外，有晶粒和纹理，它的表面有红色、绿色、乳白色、棕色和蓝色等颜色，鲜艳、美丽，具有很高的装饰性。

彩色涂层钢板一般长度为1800mm、2000mm，宽为450mm、500mm和1000 mm，厚为0.35mm、

0.4mm、0.5mm、0.6mm、0.7mm、0.8mm、1.0mm、1.5mm和2.0mm。在不同的建筑中，可用作室内和外墙板、屋顶板和店面招牌，也可作为排气筒、通风管道和其他需要耐腐蚀的物品和设备。

图8-2　彩色涂层钢板

在建筑围护结构和屋面板上应用彩色涂层钢板时，通常是与绝缘材料结合生产岩棉板等复合板、聚苯乙烯泡沫板和聚氨酯泡沫板，以满足保温和绝缘的要求，并创造良好的装饰效果。其保温隔热性能优于普通砖墙。中国南极长城站就是用这种保温夹层板建造和装饰的。

（4）彩色压型钢板

它是由冷轧板、镀锌板和彩色涂层板等不同类型的薄板轧制和冷弯而成。其断面形状为V形、U形及类似于上述形式的梯形或波形。如《建筑异型钢板》（GB/T 12755—1991）所规定的，表面上不允许有10倍放大镜可以看到的裂纹。至于用镀锌和彩色涂层钢板制成的压型板，不能有扩孔层缺陷。

压型钢板有27种不同型号。其波距模数为50m、100mm、150mm、200mm、250mm和300mm；波高为21mm、28m、35mm、38mm、51mm、70mm、75mm、130mm和173mm；实际覆盖宽度的尺寸系列为300mm、450mm、600mm、750mm、900mm和1000mm。压型钢板（YX）的型号在此序列中标明。例如，YX38-175-700代表波浪高度38mm、波距175mm和实际覆盖宽度700mm的压型钢板。

异型钢板具有重量轻（0.5~1.2mm厚）、波浪形平坦坚实、色泽美观清新、造型典雅美观、耐腐蚀性能强等特点，涂层钢板具有高抗冲击，加工简单，使用方便等特点。因此，它在工业中广泛应用于住宅建筑以及公共建筑内外墙、屋顶和吊顶的装饰，也用作轻质夹层板的面板。

（5）镀锌钢螺柱

它是一种用冷轧机轧制、冲压镀锌钢板和薄钢带制成的骨架材料。它具有自重轻、刚度大、耐火性高、抗冲击、加工和安装方便等特点。由镀锌钢螺柱和板组成的饰面材料便于施工，适合大规模装配和施工。此外，它允许在其表面层上的其他正面装饰。金属框架逐渐取代了传统的木质框架材料在室内悬挂天花板和隔断中的应用，广泛应用于装饰工程中。

根据材料，金属骨架分类为镀锌钢螺柱和铝合金螺柱；根据不同应用区域，镀锌钢螺柱分为隔墙和吊顶。

（6）隔板镀锌钢螺柱

根据应用情况，隔板镀锌钢螺柱分为：沿顶螺柱、沿地板螺柱、垂直螺柱、加强螺柱、彻底横撑螺柱及附件，根据形状分为U形螺柱和C形螺柱。

根据国家标准《建筑镀锌钢螺柱》（GB/T 11981—2001），隔板镀锌钢螺柱主要有Q50、Q75、Q100和Q150。将Q50系列应用于零件层高小于3.5m的隔墙；Q75系列应用于层高3.5~6.0m的隔墙；Q100及以上系列应用于层高大于6.0m的隔墙。

隔断镀锌钢钉主要适用于办公楼、餐厅、医院、娱乐场所和剧院的隔墙和走廊墙壁，特别是适合多层建筑和附加层的隔墙，以及多层厂房和清洁车间的轻质隔墙等。吊顶镀锌钢钉主要应用于餐厅、办公楼、娱乐场所、医院等的建设或改造。

8.2　室内装饰铝和铝合金产品

8.2.1　铝和铝合金性能和特点

目前，铝合金、铝合金产品广泛应用于铝合金门窗、货架、柜台、装饰板、吊顶板和幕墙的生产、室内装饰项目的框架。它们在现代装饰工程中发挥着越来越重要的作用。

（1）铝的性能和特点

铝以化合物的形式存在于自然界中，占地壳总成分的8.13%，仅小于氧和硅。在有色金属中铝是一种轻金属。银白色，比重为2.7，熔点为66℃，密度2.7g/cm³，具有良好的导电性和导热性。

由于其活性化学性质，它很容易在空气中氧化，并在表面产生一层氧化铝，从而防止金属下面的氧化，因此，铝是在空气中高度耐腐蚀的。在自然界中，铝如果与强酸或碱接触，就会受到腐蚀的破坏。此外，铝具有较低的电极电位，如果接触具有高电极电位的金属，它很可能会产生局部元素，很快就会被侵蚀。铝具有良好的塑性和延展性，可用于制造管子、管道、电线、板材和不同异型材等。在光和热的影响下，它甚至可以称为铝箔。由于铝的强度和硬度低，不允许作为结构材料，因此，它通常通过冷压或添加合金元素来强化，然后应用于生产实践。

（2）铝合金的性能和特点

铝合金是在铝中加入镁、锰、铜、锌、硅等元素，以提高铝的实用价值。铝合金不仅保留铝的主要特点，也显著提高了机械性能，因此它被广泛应用于室内装饰工程中。铝合金的主要缺点是弹性模量小，热膨胀系数高，耐热性低。

常用的铝合金有铝锰、铝镁、铝镁硅合金等，其中铝镁硅合金是生产铝合金门窗和铝合金幕墙框架的主要材料。铝合金继承了铝的轻质特性，显著提高了铝合金的力学性能（抗压强度达到210~500MPa，抗拉强度达到380~550MPa）。

图8–3　铝合金

8.2.2　铝的分类

铝合金有不同的分类方法，各种分类方法之间又有一定的对应关系。一般来说，可按加工工艺分为变形铝合金和铸造铝合金。变形铝合金又可按热处理强化性分为热处理强化型和热处理非强化型。变形铝合金按其性能又可分为防锈铝、硬铝、超硬铝、锻铝。铝合金按其化学成分分为二元铝合金和三元铝合金。

8.2.3　铝和铝合金截面的加工和表面处理

8.2.3.1　型材的加工方法

铝合金在建筑装饰工程上主要是应用型材。型材的加工方法有轧制和挤压两种，轧制工艺只能加工截面形式较简单、表面要求较低的型材。由于铝合金具有良好的塑性和可成型性，所以更适宜挤压法生产型材。

挤压法按挤压金属相对于挤压轴的运动方向分为正挤压、反挤压两种。国内生产企业采用正挤压法的为多。

正挤压法的主要特点是在挤压过程中，挤压筒固定不动，加热至400~450℃、直径为100~150mm、长4m左右的圆柱形铝坯材在挤压轴力的作用下，通过挤压模而成型材。由于铝坯移动的方向与轴推力相同，所以称为正挤压。

反挤压法的主要特点是在挤压过程中，带有型材断面形状的空心挤压轴不动，而挤压机的压力通过堵头向封闭在挤压筒内的加热圆形铝坯材施加压力，使其从空心挤压轴内流出而成型材。由于铝坯是沿着与空心挤压轴相反的方向流出，故称为反挤压。挤压法与轧制法相比，有以下优点：

①铝坯在挤压过程中处于强烈的三向压缩应力状态，使材质更加致密，改善了其机械性能，提高了铝合金的强度。

②发挥了铝合金塑性好的特点，不但可生产棒、管、线等型材，而且可生产出截面形式复杂、带有异形筋条的板材和薄壁空腹型材。这对于轧制法是难以实现的。

③挤压法只要更换挤压模和挤压工具，便可改变产品的形状、尺寸，这对于生产批量小、规格多的型材，更为方便。

④挤压法生产的型材表面质量比轧制法生产的产品要好，成材后一般不需再进行机械加工。

但挤压法也存在着废料损失较大、生产效率较低、挤压制品的组织和性能不够均匀、工具消耗大、成本较高等缺点。

8.2.3.2 表面处理

铝材表面自然氧化而生成的氧化膜很薄，耐蚀性满足不了使用的要求。因此，为保证铝材的使用，需对铝合金材料表面进行处理，以提高表面氧化膜的厚度，增加耐蚀性能，继而通过着色，进一步提高表面的装饰性，这个过程称为铝合金的表面处理。铝合金的表面处理主要包括表面预处理、阳极氧化、表面着色、封孔处理四个过程。

铝合金产品表面容易受到侵蚀。因此，在施工实践中必须对其表面进行阳极氧化和表面着色处理，增强其耐腐蚀、耐磨、耐光和耐候性，为其表面提供了不同颜色的涂层，具有优异的装饰效果。

图8–4 铝材

8.2.4 铝合金螺柱

（1）铝合金螺柱分类

铝合金螺柱按截面形状分为L形、T形、U形、方形等。根据应用，分为隔断和吊顶螺柱。铝合金隔断螺柱坚固牢固，生产方便，安装方便。铝合金吊顶螺柱轻便、美观、防锈、防火、防震、安装方便，适用于室内吊顶装饰。

铝合金悬挂螺柱包括主螺柱、副螺柱、侧螺柱和吊架连接件等。主要的螺柱、子钉和板组合成网格尺寸300mm×300mm、300mm×600mm或600mm×600mm，与面板一起形成组装式吊顶结构；主螺柱与地板连接，有吊架连接件和吊筋。

（2）铝合金螺柱的应用

铝合金隔板螺柱通常与不同种类的玻璃、有机板和建筑人造板等一起使用，适用于办公楼、厂房等空间的隔断。

铝合金吊顶螺柱，主要螺柱之间的空间应小于1200m，悬浮中心之间的空间应在900~1200mm之间，中、小螺柱（中间螺距）之间的间距应小于600m。中螺柱垂直固定在主螺柱下面，而小螺柱垂直固定在法兰上。铝合金螺柱分为外露型和未外露型，允许小尺寸的材料作为吊顶材料，如装饰石膏板吊顶、声学石膏板吊顶、金属微孔声学面板吊顶和铝合金装饰面板吊顶。

8.2.5 铝合金面板

铝合金面板是一种具有独特装饰效果的高级装饰材料，目前被广泛应用于设计中。

（1）铝合金面板的特点

铝合金面板是最常用的金属板。它具有重量轻（仅占钢材重量1/3）、加工（切削、镗削）方便、强度高、刚度高、耐用等特点（露天使用20年），运输和施工方便，耐火、防潮、耐腐蚀。此外，它有一个特殊的优势，用化学法或喷漆法可以使它根据不同需要上不同的颜色。

（2）铝合金面板的类型

建筑工程中铝合金面板的表面处理方法主要有阳极氧化膜、氟碳树脂喷涂、烤漆等；根据结构特点对其进行分类，分为单层、复合、蜂窝铝板等；根据几何形状分为矩形、方形和不规则面板等；根据颜色分为银白色、古铜色、暖灰色、金色等。常用的铝合金面板有以下几种类型。

①单层铝面板　国外多采用纯铝面板，一般厚3~4mm；国内多采用LF_{21}（3003）铝合金

面板，一般厚 2.5mm。它比纯铝面板更薄，但强度较高，自重更小。由于其刚度不足，大面积铝板往往在其背面加肋加固，通常加肋是由同一铝合金的带材制成的，一般宽为 10~25mm，厚 2~2.5mm。铝板与肋的结合方式有三种：一是用冲击焊将螺栓焊接在面板背面，然后将勒紧并固定在螺栓上；二是将 ZE2000 胶水贴在面板背面；三是用 3M 大功率双黏胶带粘住。三种方式中第二种的效果最好。无论是什么墙板，都必须进行结构计算确保其强度和刚度满足要求。

铝板表面处理不应采用阳极氧化，因为每批铝板的组成和氧化槽液体不同，表面颜色在氧化后不同。采用静电喷涂，包括粉末喷涂和氟碳喷涂。前者采用聚氨酯和环氧树脂。与高功率着色材料混合，创造了许多不同的颜色。铝板表面涂有喷涂粉末就能抗冲击且耐磨损，如果与 50kg 的物体撞击，它能保持原形状，涂层不开裂；唯一的缺点是，长时间暴露在紫外线下它的颜色逐渐褪色。后者以氟碳聚合物树脂为金属表面涂层，通常在面板表面涂 3 ~ 4 层。因此，该面板耐腐蚀、耐酸性和耐空气污染物、耐紫外线辐射和极端热或冷。 它长时间保持均匀的颜色，使用寿命长。 缺点是在硬度、抗冲击性和耐磨性等方面均弱于粉末喷涂。

②铝合金复合面板（铝塑面板） 铝合金复合板又称铝塑板，以铝合金面板（或纯铝面板）为面层，聚乙烯（PE）、聚氯乙烯（PVC）或热塑性材料作为夹层。它是一种常用的用于墙面装饰和翻新的金属板，包括单包板和双包板。具有良好的腐蚀性和耐污性以及耐候性。

面板表面采用红、黄、蓝、白等不同颜色，表现出优异的装饰效果。它可用于弯曲、锯、刨、冲孔和切割。与铝合金面板相比，具有重量轻、施工方便、成本低等特点。铝塑复合板适用于窗帘的装饰、店面和招牌等。其主要特点如下：

耐久性好：表面涂层美观光亮。复合面板表面涂有氟碳涂料，具有亮度好、黏结力强等特点，耐温、耐腐蚀、耐紫外线、不褪色。

不同的颜色：所需颜色的面板可根据客户要求提供。

强度高，重量轻：由于它是由薄铝板和热塑性材料复合而成，重量轻，具有良好的抗弯曲和抗折性能，这使它能够长期保持其平整度，并有效地去除凹痕和皱纹。

易加工成型：根据建筑物的设计要求，可将其精确加工成不同的形状，如拱形、圆弧角和小半径圆角，有助于使建筑物更漂亮。

安装简单：它可以用传统的方式安装，例如，通过开槽、弯曲、铆接和螺丝等紧固，或者用结构胶黏剂固定。

良好的耐火性：表面面板和夹层均采用耐火材料，具有良好的耐火性。此外，在制造过程中，薄铝板被粘在防火夹层材料上面，创造出独特的耐火面板。

③铝合金悬挂天花板 根据外观形状，铝合金吊顶面板分为方形面板、条形面板、光栅面板和插入面板等。有正方形和长方形两种，分为平板、扣板、穿孔板和弧形板等。方形面板不仅创造了未外露螺柱的整体平面图形图案和线条风格效果，而且具有外露螺柱的结构特征，即易于安装和拆卸。此外，它允许根据设计师的要求进行定制处理。条形面板轻便，防潮，安装方便。

面板表面具有较强的完整性和连续性。不同的尺寸和型号的条形面板可以组合，达到不同的视觉效果。至于光栅铝合金吊顶，其主要的螺柱和子柱分布交错，将吊顶划分为一些小网格，创造三维感觉和立体视觉，并赋予天花板更多的美丽的外表和明亮宽敞的感觉。插入铝合金吊顶充分利用吊顶空间，具有安装和维修方便、外观优雅美观等特点。此外，不同的视觉效果通过以不同的方式组合产生。天花板内部的照明、喷涂和空调系统安装时，不对天花板进行任何额外的特殊处理。

铝合金吊顶适用于商场、酒店、办公用房、机场、公交总站、地铁站、银行、浴室和洗手间等场所，穿孔铝吊顶适用于对声学要求较高的场所的天花板装饰，如语言实验室和工作室等。

④铝合金穿孔面板 采用铝合金面板经机械冲压而成。它的孔径和螺矩是在不同需要的阵列模式下设计和生产的，如重复和渐变等；孔隙被冲压成不同形状，如圆形、方形、矩形、三角形、星形和菱形。冲孔后，不仅轻而且耐高温、耐腐蚀、防火、防震、防潮，还能创造出一定的图案，具有良好的装饰效果。此外，在吸声体内部，解决了声学问题。因此，它是一种具有降噪和装饰功能的理想材料。铝合金穿孔板主要应用于剧院等公共建筑，也适用于棉纺厂噪声较大的车间等场所的天花板或墙壁、控制室和电子机房，以提高声学效果。

⑤铝合金蜂窝面板 又称蜂窝结构铝合金墙板或蜂窝铝复合板。在两个铝板之间有一个蜂窝夹层，由不同的材料制成。一般铝板外层为厚 1.0~1.5mm，内面板为厚 0.8~1mm。夹层为六边形的蜂窝状铝箔、纤维玻璃或纸张，矩形、方形或交叉折叠六边形，其中大多采用边长为 3~7mm 的六边形蜂窝芯。蜂窝芯用结构卡在铝合金表面板上，整个面板块表面涂有树脂型金属聚合物装饰膜。由于面板块的特殊结构，这种面板具有较好的服务性能。

⑥铝合金金刚石板和瓦楞纸板 铝合金金刚石板是由防锈铝合金制成，用具有一定图形的滚筒轧制加工而成。它具有良好的装饰性能、耐磨性，防滑，耐腐蚀，易于清洗。《铝和铝合金金刚石板》(GB/T 3618—1989) 已就以下规范作出了相关规定：主要是金刚石板代码，合金代码，状态，尺寸和室温力学性能，并且尺寸精确，安装方便，可作为内外墙和楼梯台阶。铝合金波纹板是通过滚动面板，以创造波浪图案。它具有自重轻、外观美观、多种颜色、防火、耐久性好、耐腐蚀、高光反射等特点。因此，它适用于墙壁、屋顶、店面和广告牌的装饰。 结果表明，铝合金装饰板具有轻量化、易加工、强度高、刚度好、耐久性好等特点，表面形式不同（抛光、格子、波纹和压型等），颜色各异。在墙面装饰时，当铝板与玻璃幕墙等大窗搭配装饰时，容易切割以达到突出的效果，流畅的流线风格。在商业建筑中，铝装饰板应用于入口立面、柱和招牌的装饰，增强了整个建筑的结构风格，引起更多客户的关注。

8.3 其他金属装饰材料

8.3.1 铜和铜合金

（1）铜的特点和应用

铜及其合金长期以来一直是一种建筑材料，作为室内装饰材料和配件。纯铜俗称红铜，密度为 8.92g/cm^3，属于重有色金属。它具有良好的导电性和导热性，广泛应用于电力工业，如作为发电机和变压器的卷材、电线或电缆。 纯铜具有相当好的耐蚀性。 在潮湿的空气中，它的表面覆盖着一层绿色碱碳酸铜，称为铜绿色，保护铜本身。硬度低，强度低，塑性好，用于不同的冷热加工，可生产不同的板、条、线和管道。纯铜的代码用化学符号“Cu”加数表示。较小的数字意味着更纯的铜。例如，No.1（Cu-1）代表纯度为 99.95% 的铜。No.2（Cu-2）表示纯度 99.90% 等。

在现代室内装饰中，铜是一种先进的装饰材料，既有古董的简洁性，又有豪华的品质。适用于楼梯扶手、防滑条、立柱，应用于酒店、餐厅、办公楼等。它可以创造吸引人的优雅效果，展示了灿烂而精致的气氛。 此外，它还可用作墙板、豪华铜门、手柄和锁等，也广泛应用于金属器皿。

图 8-5 铜材

（2）铜合金的特点及应用

纯铜由于其强度低，成本高，不适合用作结构材料。在建筑工程中广泛使用的是铜合金，它是通过添加锌和锡元素来制造的。铜合金保留了铜的良好塑性和较高的耐蚀性，具有比纯铜更好的强度和硬度等力学性能。通常使用的铜合金有黄铜、青铜和铜粉等。

①黄铜　是在铜中加入锌制成的铜合金，其性能取决于锌的含量。

②青铜　具有焊接方便、耐腐蚀、耐磨、强度高等特点，主要用于生产加热配件、建筑金属制品和各种材料、各种装饰部件。

③铜粉　俗称金铜粉，是由铜合金制成的金黄材料。它含有铜和少量其他金属，如锌、铝和锡，主要是用于混合成装饰涂层以取代金箔。

铜合金应用广泛。它可以挤压或压制成不同形状的截面，包括空心截面和实心截面，可以进一步加工成管道、板材、电线、紧固件和不同的机械部件等。装饰工程中常用的铜合金有板材、器皿、平板及门、扶手、面板条纹、防滑条、浮雕柱和浮雕墙涂料等。铜合金板制成的铜合金轮廓板应用于建筑物的外墙装饰，耐用且闪闪发光。铜产品主要应用于酒店、餐厅、优质写字楼和银行等场所。由于铜产品的表面很容易被空气中的有害物质侵蚀。采用钛合金电镀等方法对其进行处理，以增强其腐蚀性电阻和耐久性，从而大幅提高了铜产品的光泽度和使用寿命。

8.3.2　铁艺

铁艺，又称为铁艺术，有着悠久的历史，传统的铁艺主要运用于建筑、家居、园林的装饰。最早的铁制品产生于公元前2500年左右，小亚细亚的赫梯王国是铁艺的发源地。

8.3.2.1　铁艺的特点

铁艺是艺术凝铸成的钢铁，是钢铁锻造成的艺术，其淳朴、沉稳、古典、延展性给了它流畅、变化多端的线条，考究的造型设计和极尽完美的锻造赋予它艺术的生命力。它可以用细致、精巧的线条勾勒出蕴含着欧式铁艺特色的高雅华贵及神韵，可以用古典又不失富丽的形态营造出神秘的东方文化气质。在色彩上，铁艺更是有着其他质料的艺术品所不能及之处，铁的乌黑原色让人感到返璞归真。久远的年代感怀透出一种厚实的文化沉淀，和谐而考究的色彩，则体现出雅而不俗、美而不艳的特点，自然而完美。

8.3.2.2　铁艺在室内装饰中的应用

随着社会的发展，装饰艺术和装饰材料的不断更新，各种艺术形式的装饰风格不断涌现，返璞归真的思潮成为一种新的时尚，作为古老的传统艺术装饰风格的铁艺艺术，被注以新的内容和生命，被广泛应用在建筑外部装饰、室内装饰、家具装饰及环境装饰中，因特点鲜明，风格质朴，经济实用，工艺简便，在现代装饰中占有一席之地。

图8–6　铁艺装饰

复习与思考

1. 钢材具备哪些性能？
2. 体现钢材抗拉性能有哪几个阶段？
3. 钢与生铁的区别是什么？

第9章 塑料

随着石油工业的发展，塑料在建筑和装饰工程中的应用越来越广泛。塑料及其制品具有轻质、电绝缘、耐腐蚀、隔热、隔声等优点。它有丰富的原材料，制造技术简单，易于加工，使其可用于工业生产。但塑料有缺点：其机械强度低于金属，热稳定性较低，热膨胀系数较高，易变形，易受大气作用等因素的影响。

9.1 塑料的成分

塑料是以合成树脂为基本材料，加入填料、增塑剂、固化剂、着色剂等添加剂制成的。以一定的比例，然后经过处理制成最终产品。

9.1.1 合成树脂

合成树脂是一种化学有机化合物，主要由碳、氢、少量氧、氮、硫等原子组成。与某些化学键结合在一起。综合树脂作为黏结剂，是塑料中的主要成分。它不仅将自己的结构结合在一起，而且将其他材料紧密而牢固地结合在一起。

塑料是通过添加填料和添加剂来制造的，这些填料和添加剂对塑料具有明显的改性作用，但树脂仍然是决定塑料特性和主要应用的最主要因素。塑料中树脂含量在30%~60%。根据生产中不同的化学反应，合成树脂被归类为聚合物（聚加成）树脂（如聚氯乙烯和聚苯乙烯）和缩合（缩聚）树脂（如酚醛、环氧树脂和聚酯等）；根据加热时性能的变化，分为热塑性树脂和热固性树脂。

由热塑性树脂制成的塑料是热塑性塑料。当加热时变软，然后在更高的温度下熔化，而当温度下降时，它又变硬。聚合物树脂是热塑性树脂，耐热性低，刚度低，但具有良好的冲击韧性性能。由热固性树脂制成的塑料是热固性塑料。在加工过程中，热固性树脂在加热时变得柔软，但经过成型，它不会再改变它的形式，即使再次加热，它也只能用于塑料成型和硬化一次。冷凝树脂为硬脆热固性树脂，具有较好的耐热性和较高的刚度。

9.1.2 填料

填料是大多数塑料不可缺少的原料，占塑料中所有部件的40%~70%。可以在强度韧性、耐热性、耐老化性和抗冲击性等方面提高塑性。常用的填料包括滑石粉、硅藻土、石灰石粉、云母、石墨、岩棉、玻璃纤维和木粉、废纸、废棉、废布等。

9.1.3 增塑剂

添加增塑剂的目的是提高材料的塑性、柔韧性、弹性、抗冲击性、抗冻性和伸长率等，但降低了塑料的强度和耐热性、抗冲击性和伸长率增塑剂的要求是：与树脂相容性好，无色无毒，挥发性小。增塑剂采用具有高沸点或低熔点固体物质的渐开型液体化学有机化合物。常用的增塑剂有邻苯二甲酸二甲酯、邻苯二甲酸二丁酯、邻苯二甲酸二辛酯和磷酸三苯酯。

9.1.4 固化剂

固化剂又称为硬化剂，具有通过交联将线性高分子转化为三维高分子的主要功能，为树脂提供热固性。固化剂包括：胺（乙二胺、二乙烯三胺），应用于环氧树脂；六亚甲基四胺（乌洛托品），应用于某些酚醛树脂，酸酐（邻苯二甲酸酐、顺酐）和大分子（聚酰胺树脂）。

9.1.5 着色剂

着色剂是将材料染成所需的颜色。根据其在着色介质或水中的溶解性，分为染料和颜料。

（1）染料

溶解在溶液中的化学物质，通过离子或化学反应发挥染色的作用。事实上，染料是一种有机物质，着色性能好，但耐碱、耐热性差，受紫外线影响易溶解褪色。

（2）颜料

一种不溶性的细粉，通过自身的光谱吸收和对特定光谱光的反射来创造颜色。除了着色的优良功能外，它还提高了塑料的稳定剂性能。

对于塑料制品，炭黑，镉黄等无机颜料应用更为广泛。

9.1.6 其他添加剂

为了提高或调整塑料的某些性能，以满足应用和加工中的具体要求，在塑料中加入不同的添加剂，如稳定剂、阻燃剂、发泡剂、润滑剂、抗老化剂等。塑料添加剂有多种类型，具有不同的化学成分和物理结构，具有不同的机理和功能，因此由同一类型树脂制成的塑料由于添加的添加剂不同，具有不同的功能。

9.2 室内装饰塑料种类

9.2.1 根据加热时树脂的变化进行分类

（1）热固性塑料

热固性树脂加热时软化，部分熔融，冷却后变成可熔固塑料；成型后，即使再加热也不再软化，常用热固性塑料制品由酚醛树脂、脲醛树脂和不饱和聚酯树脂制成。

（2）热塑性塑料

热塑性树脂加热时软化熔化，冷却后定型成型，程序可以重复。常用的热塑性塑料包括聚氯乙烯、聚苯乙烯和聚酰胺。

9.2.2 根据树脂合成方法分类

（1）冷凝塑料

当两个或两个以上不同的分子进行反应时，它们释放水或其他简单物质（如氨和氯氢）并产生与原分子完全不同的化合物，称为缩合化合物，如酚醛塑料、有机硅塑料和聚酯塑料。

（2）聚合物塑料

许多相同类型的分子连接起来形成巨大尺寸的分子，其主要化学成分保持不变，所产生的化学物质化合物被称为聚合物。所有聚合物塑料都具有热塑性，如乙烯基塑料、聚苯乙烯塑料和聚甲基丙烯酸甲酯塑料等。

9.3 常用塑料种类

（1）聚氯乙烯（PVC）

聚氯乙烯是塑料墙纸、塑料地板和塑料扣板等多种塑料装饰材料的原料。它是一种多功能塑料。它被制成硬或软产品，也可制成轻质发泡产品。聚氯乙烯具有良好的防火性能和自熄性能。耐普通有机溶剂，但可溶于环已酮和四氢呋喃等溶剂，聚氯乙烯可以与上述溶剂结合。硬质PVC产品具有良好的耐老化性和机械性能，但抗冲击能力弱，可通过添加氯化聚乙烯等冲击改性剂来提高。

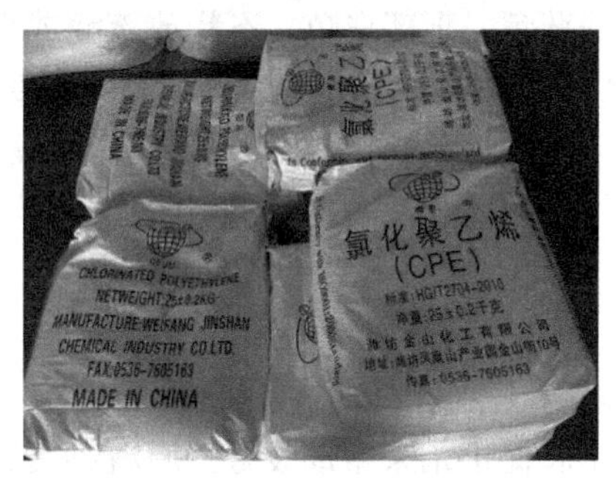

图 9-1 聚氯乙烯

（2）聚乙烯（PE）

聚乙烯是可燃的，它燃烧的火焰为浅蓝色。作为建筑材料，PE产品可以加入阻燃剂改进它的耐火性。它是一种结晶聚合物，其结晶程度与其密度有关；通常较高的密度会导致较高的结晶程度。PE具有蜡状半透明外观、较低的透光率、良好的耐溶剂性和柔韧性，而且其耐低温性和抗冲击性远优于PVC。

（3）聚丙烯（PP）

聚丙烯在塑料中的密度相对较小，约为0.9g/cm^3。其可燃性接近PE，可燃性呈浅蓝色火焰，熔融时趋于下降，很可能造成大火焰。其耐热性和力学性能均优于PE。聚丙烯具有良好的耐溶剂性，这意味着它在常温下不溶于任何溶剂。聚丙烯的缺点包括耐低温性弱和一定的脆性。PE和PP被用作生产管道和卫生洁具。

（4）聚苯乙烯（PS）

PS是一种无色玻璃状透明塑料，透光率高达88%~92%。PS机械强度良好、抗冲击性和脆性弱。当燃烧时，它会释放大量的黑烟和黄色火焰，并在远离火源后继续燃烧和释放苯乙烯气味。PS可溶于苯和甲苯等芳香溶剂。

（5）ABS塑料

ABS塑料是橡胶改性聚苯乙烯。它是象牙色的不透明塑料，相对密度为1.05g/cm^3。燃烧时，会释放出带有黄色火焰的黑烟。其抗冲击能力和耐低温性很好，耐热性优于PS。

（6）有机玻璃（PMMA）

有机玻璃是塑料，透光率高达92%，所以它可以代替玻璃，而且不太可能被打破。但它比玻璃在表面硬度弱，容易刮伤。燃烧火焰呈浅蓝色，顶部白色，不释放液滴或烟雾。PMMA具有良好的抗老化性能。其透明度和色泽在阳光照射多年后略有变化，可以被用来制作天花板或广告牌。

（7）不饱和聚酯（UP）

UP是一种热固性树脂，在凝结前，它是一种黏度很高的液体。它在室温下设置，需要固化剂和促进剂来帮助设置。原料种类繁多，采用不同的原料配方或工艺生产不同性能的UP，以满足不同的要求，例如，用于生产玻璃钢或韧性UP，用于制造涂层等。UP很容易加工处理，它可以在低压或无压力下成型。它的缺点是：设置时，它的体积收缩率很高，高达7%~8%。UP主要用于生产纤维增强塑料制品。

（8）环氧树脂（EP）

EP是另一种热固性树脂，在凝结前，它是一种黏度高或脆性大的固体液体，在丙酮和二甲苯等溶剂中容易溶质；在室温或高温下加入固化剂，室温固化剂是乙烯多胺（如二亚甲基三胺和三亚甲基四胺）；高温固化剂包括二羧酸酐和酸酐。EP的突出特点是它与不同种类的材料具有很强的结合力，这是因为它在设置后含有不同种类的极性基团，羟基、醚键和环氧基在其分子中。EP在设置时收缩率很低，即使在最大收缩时，树脂仍处于凝胶状态，具有一定的流动性，因此没有产生内应力。

（9）聚氨酯

聚氨酯是一种性能优异的热固性树脂，可制成单组分或双组分涂层和黏合泡沫塑料。不同的部件使它变软或变硬。它具有优异的性能，在机械性能、耐老化性能和耐热性等方面比PVC好得多。

9.4 塑料特点

9.4.1 优点

与传统材料相比，塑料具有以下优点：

①出色的工作能力　塑料可以用简单的方法加工成不同的产品，用于机械化大规模生产。

②高强度　其强度与体积密度的比值远大于水泥和混凝土，接近甚至超过钢。它是一种独特的材料，重量轻，强度高。

③量轻　塑料密度在0.9~2.2g/cm^3，平均值为1.45g/cm^3，仅为铝的1/2，钢的1/5，混凝土的1/3，接近木材。

④导热系数低　塑料制品的电导率小于金属或岩石，即其导热和导电能力较弱。其强度为金属的1/600~1/500，混凝土的1/40，砖的1/20，使其成为理想的保温材料。

⑤良好的装饰性能和可用性　塑料制品颜色艳丽，表面有丰富的光泽和清晰的设计，通过模仿天然材料的颗粒来达到想要的效果。采用电镀、热压、烧镀金等技术，为表面提供三维感觉和金属质感，可以创造出不同的设计和图案。通过电镀处理，塑料具有导电性、耐磨性和电磁波阻隔等。

⑥经济实惠　塑料建筑材料在生产和使用中都是节能的。塑料产品的能耗范围为63~188kJ/m^3，低于传统的材料（钢可达36kJ/m^3，铝可达617kJ/m^3）。塑钢窗取代钢窗，具有良好的隔热性能，有助于节省空调支出。由于塑料管内壁光滑，其输水能力比其他管道高30%，有利于节约大量能源。

9.4.2 缺点

①当塑料受到热、空气、阳光、酸、碱、盐等的影响时容易老化。在环境介质中，其分

子结构恶化，增塑剂挥发，化学键破裂，力学性能发生变化，甚至变得坚硬、脆性和破坏。

②耐热性低　塑料在加热到一定温度时会变形，更糟的是会溶解，所以它的使用温度应该受到限制。

③易燃　塑料不仅易燃，燃烧时还会释放有毒、臭气体，对人体健康有害，因此需要在产品中添加一定量的阻燃剂。

④低刚度塑料是一种弹性模量较低的黏弹性材料，其弹性模量仅为钢的1/20~1/10，在载荷作用下会长期蠕变。所以应该仔细考虑是否将其应用于承载构件。

9.5　塑料制品在室内装饰工程中的应用

在室内装饰工程中，广泛采用塑料来生产不同类型的塑料装饰板（如三聚氰胺层板、硬质PVC板、波板、不规则形板玻璃钢板、铝塑复合板等）、塑料地板、塑料壁纸、塑料门窗等。此外，它还广泛应用于不同种类卫生洁具的生产（如GRP洁具、人造玛瑙洁具、丙烯酸抹灰洁具）、塑料家具（如玻璃钢和GRP家具、ABS树脂家具、软海绵或硬海绵泡沫家具和丙烯家具）。此外，它还用于生产各种等级的装饰金属制品（如塑料门、不同种类的观赏件）、装饰截面（如塑料颗粒基板、扶手）、电气部件（如灯具和开关）、水加热装置和不同的管道配件。

9.5.1　塑料装饰板

塑料装饰板是指由加工树脂制成的具有装饰功能的规则截面或不规则截面板，作为浸泡（或浸渍）材料，或作为金属陶瓷的基本材料。塑料装饰板因其轻量化、装饰性能高、生产简单、施工方便、维护方便、容易与其他材料相结合等特点越来越多地应用于装饰工程。

塑料装饰板根据原料不同分为塑料贴面（如三聚氰胺装饰层压板）、硬质PVC板、有机玻璃装饰板、钢板、塑料金属复合板和聚碳酸酯挑光板等；根据其结构和截面形状，分为平板、波板、实心不规则截面板、空心不规则截面板、网格板和夹芯板。

（1）三聚氰胺装饰层压板

三聚氰胺装饰层压板是最常用的塑料层压板，又称纸装饰层压板、塑料单板、树脂板或防火板。它是在一个薄的表面衬里采用厚纸作为骨架，将其浸泡在热固性树脂如雪亮树脂或三聚氰胺树脂中，然后将多层设置在一起进行热压。酚醛树脂的价格低于三聚氰胺甲醛树脂，但它是棕黄色和不透明的，所以不适合面层应用。三聚氰胺甲醛树脂是清澈透明的耐磨材料，常用作表面浸渍材料，因此板材以其命名。

三聚氰胺层压板为多层结构，包括面纸、装饰纸和底纸。表面纸是为了保护图案和图案上的装饰纸，表面更亮、更坚固、更硬，为其提供更好的耐磨性和耐蚀性。三聚氰胺层压板是由热固性塑料制成的，因此它具有优越的耐热性，在温度超过100℃时不会软化、开裂或起泡。它很好地抵抗铁质和火。骨架采用厚纤维纸制成，具有较高的机械强度，抗拉强度可达90MPa，表面耐磨。三聚氰胺层压板表面光滑致密，具有耐沾污性强，耐湿、耐擦洗、耐久性好，耐酸性、碱、油、油脂以及酒精等溶剂的耐久性和耐腐蚀性。三聚氰胺层压板通常用于墙壁、柱、桌面、家具和悬挂天花板等表面装饰工程。

（2）硬质PVC板

有透明和不透明的硬质PVC板。透明板以PVC为基本材料，加入增塑剂和抗老化剂，挤出成型。非透明板以PVC为基本材料，加入填料、稳定剂和颜料。经揉捏、混合、拉片、造粒、挤压或轧制后成型。 硬聚氯乙烯板材按其断面形状分为平板瓦楞板和不规则形板等。

硬质PVC板材表面光滑，新颖多彩，不易变形，易清洗，防水耐腐蚀。它具有良好的工作性能，可锯、刨、钻，多应用于室内表面装饰和桌面表面装饰。常用尺寸包括2000mm×1000mm、1600mm×700mm和700mm×700mm等，厚度包括1mm、2mm和3mm。

（3）波板（或瓦楞板）

硬质PVC波板是以PVC为基本材料，采用挤出成型的方法制作不同波段的板材，不仅提高了其抗弯刚度，也吸收了由截面形状的变形产生的一定量的膨胀或收缩。其波浪尺寸与普通石棉、水泥、波浪瓦、彩钢板等相同。必要时与它们配合应用。

硬质PVC波板可自由着色，常呈白色或绿色。透明波板具有高达75%~85%的透光率。彩色硬质PVC波板作为墙面装饰或墙面、屋顶材料。发光平板吊顶采用透明PVC横波板，上面有灯，安装在螺柱翼缘上。其长度没有限制，所以透明纵波板可以做成拱形挑灯屋面，中间没有接缝。

（4）不规则形板

硬质PVC不规则形板又称PVC夹紧板，有两种主要结构：一种是单层不规则形板；另一种为空心不规则形板。单层不规则形板具有不同的截面形状，其中方波通常用于在立面上创造清晰的线条。就像铝合金夹紧板一样，PVC不规则形板的两条边分别加工成凹槽和插片，不仅使接缝防水，而且覆盖紧固螺丝。每件有一个边缘固定，另一个边缘插入柔性接头，这允许一定的横向变形，以适应横向热膨胀或冷收缩。空心不规则形板有细网格不规则断面形状。由于其密封的内部空气腔，具有优良的隔热和隔声性能。同时，薄壁空间结构大幅提高了其刚度，使其在抗弯强度和表面凹痕强度上优于平板或单层板。此外，它节省了材料，单位面积重量较少。连接方式有舌槽连接和沟槽连接两种。前者目前较为流行。

硬质PVC不规则形板的表面可以印刷或结合不同的仿木纹和仿石状装饰几何设计。创造了良好的装饰效果，具有防潮、表面光滑、清洗方便、安装简单等特点。通常在潮湿环境（如浴盆）中作为墙板或悬挂天花板。

（5）玻璃钢板

玻璃增强塑料（GRP）是以合成树脂为主要基础材料，以玻璃纤维或其他产品为增强材料，经成型加工成固体材料。

用于生产GRP的合成树脂包括不饱和聚酯树脂、酚醛树脂和环氧树脂。不饱和聚酯树脂具有良好的加工性能，即它设置在正常的温度可以制成半透明的产品。目前主要用于生产GRP装饰材料。

玻璃纤维是通过将熔融玻璃拉入细纤维螺纹制成的，它是一种光滑柔软的无机纤维，直径在9~18pm，具有高强度。它也与合成物结合得很好，将树脂制成增强材料。在GRP的生产中采用玻璃纤维制品，如玻璃纤维织物或玻璃纤维垫。

玻璃钢装饰产品具有很大的透光性和装饰性能，可制成五颜六色的非光紧或光紧结构件或观赏件。它的光传输接近PVC，但随着光扩散的性能，它在充当挑灯屋顶时会产生柔软、温和甚至轻的效果。它具有高强度（优于普通碳钢）、轻质（仅为钢的1/5~1/4，铝的1/3左右）的特点，是一种典型的高强度轻质材料，它需要简单、自适应的成型技术；可制成复杂的部件，具有良好的耐化学性和电绝缘性；具有良好的耐湿、防潮性能，适用一些需要防潮的建筑区域。主要缺点是：其表面不够光滑。常用的GRP装饰板包括波浪板、格栅板和折叠板。

（6）铝塑复合板

铝塑复合板是以PVC塑料为芯板的复合板。根据结构，两个表面覆盖铝合金的板材称为双面复合面板，仅有一个表面覆盖铝合金板材的复合面板称为单面复合面板。根据应用，分为内墙面板和外墙面板。前者通常采用单面复合面板，后者采用双面复合面板。厚度为3mm、4mm、6mm和8mm，常用尺寸为1220mm×2440mm。其表面铝板，经过阳极氧化和着色处理，具有清新美观的光泽。由于其复合结构，具有金属和塑料材料的优点，主要是轻巧、坚固、使用耐用；比铝合金板材具有更强的抗冲击和抗凹痕性能；可自由弯曲，弯曲后无回弹，便于成型；当弯曲满足基片曲线表面时，不需要特殊的夹具。它与结构体结合得很好，便于黏接和固定；由于阳极氧化、着色和油漆整理等表面处理，不仅装饰性能好，而且耐候性强，可切割、铆接、刨花（边）、钻孔、冷弯、冷折，便于加工、装配、安装、修理和维护。

铝塑复合板是一种新型的金属－塑料复合板，越来越广泛地应用于建筑外幕墙、内墙、柱面、天花板等。为了防止其表面在输送或施工操作中被划伤，铝塑板表面粘贴有保护箔、特种PC片用于防弹防爆，在安防行业具有很高的价值。

9.5.2 塑料地板

（1）塑料地板的特点

①装饰效果好，颜色和图案丰富，满足不同应用的要求，也可以用来模仿不同种类的天然材料，看起来真实，贴近生活。

②类型多，公共建筑有硬地板，住宅建筑有软泡沫地板，以满足不同建筑的应用要求。

③容易施工。

④耐磨性好，使用寿命较长。

⑤便于维护和清洁。

⑥功能多，隔热、隔声和防潮，感觉舒适和温暖。

（2）PVC塑料地板的分类

聚氯乙烯（PVC）塑料地板是在有机合成工业发展和PVC树脂应用范围不断扩大的基础上发展起来的。聚氯乙烯塑料地板在所有塑料地板中处于主导地位。它的生产和广泛使用，优于任何其他塑料地板材料。与油毡或橡胶垫相比，其优点是具有良好的磨损性能、丰富的色彩、良好的装饰效果、良好的防潮性、高的耐负荷性和耐久性等。由于其具有较好的耐火性和自熄性，且随着增塑剂和填料的加入量的不同，性能多变，使它成为塑料地板的理想原料。除PVC树脂外，PVC塑料地板还含有增强剂、稳定剂、加工润滑剂、填料和颜料。这对PVC塑料地板的性能有很大的影响。根据其组成和结构，PVC塑料地板分为以下几种主要类型。

①单色半硬PVC地板瓷砖　是一种PVC砌块地板，是我国最早的PVC塑料地板产品，主要采用热压技术生产。其表面相当坚硬，但具有一定的柔软性和灵活性。它具有手感好、无翘曲、耐凹痕、耐沾污等特点，但其抗划痕和机械强度性能不佳。单色半硬PVC地板瓷砖分为纯色和斑纹。在单色背景上，通过在其他颜色上绘制直条纹来绘制图案，外观看起来像大理石的图案。

②印刷PVC地板瓷砖　由面层、印刷层和底层组成。面层为透明PVC膜，0.2mm厚左右；底层为PVC带填料，循环的二手塑料有时被采用。印刷图案为单色或多色。表面是平的，有些还用橙皮纹或其他图案浮雕。

③印刷－浮雕PVC地板砖（凹槽浮雕地板砖）　表面无透明PVC膜，印刷图案呈条纹或大斑点等。所以印刷油墨在应用中很难被擦洗掉。单色半硬PVC地板瓷砖有浮雕印刷图案。

④颗粒图案地板砖　是多种不同颜色的（2~3种）PVC颗粒的组合，因此图案贯穿整个深度无处不在。虽然粒子是不同的颜色，但它们是相同的色调。粒度为3~5mm。颗粒图案地板砖的性能几乎与单色PVC地板砖相同。它的主要特点是装饰性能好，颗粒图案不磨损，耐香烟燃烧。

⑤PVC水磨石地板瓷砖　由不同颜色的PVC颗粒和周围的灰色接缝组成。颗粒看起来像砾石，所以它的外观像水磨石。

⑥软PVC单色卷材地板　通常是均匀的，在底部和表层有相同的部件。有单色卷材地板和画大理石图案地板与平滑表面或浮雕图案表面，如直条纹、菱形和圆形图案，软PVC单色卷材地板的特点如下：

- 质地柔软，具有一定的弹性和柔韧性。它是用轧制技术或挤压技术生产的。它含有较少的填料，但含有更多的增塑剂，因此它更柔软。
- 中等耐燃烟度，低于半硬地板瓷砖。
- 铺设更加平整，没有出现翘曲。
- 耐污性和耐凹陷性中等，低于半硬PVC地板瓷砖。

● 机械强度较高，不易磨损或断裂。

⑦非发泡印刷 PVC 卷材地板　它的结构与印刷 PVC 地板相同，由三层组成，表面层为透明 PVC 薄膜，具有保护印刷图案的功能。中间层为内图案层，这是一层 PVC 彩色薄膜印刷图案。底层为 PVC，填料较多，部分产品以再生材料为基本材料，降低生产成本。表面有浮雕图案，如橙皮和圆点，以减少其光反射，但保留一定的光泽。非发泡印刷 PVC 卷材地板大多采用滚压技术生产，它的尺寸和外观以及物理机械性能大多接近软单色 PVC 卷材地板。此外，印刷卷材地板也需要一定的层间剥离强度，一般可达 10.5N/cm，严重的翘曲是不允许的。非发泡印刷 PVC 卷材地板适用于交通较少的公共和住宅建筑。

⑧印刷发泡 PVC 卷材地板　其基本结构接近非发泡 PVC 卷材地板，但其底层为发泡。最常用的是由三层组成。面层为透明 PVC 膜，中间层为发泡 PVC 层，底层为石棉、玻璃纤维布、玻璃纤维垫、化纤无纺布等衬布。另一种类型的发泡 PVC 卷材地板仅由透明层和发泡层组成，没有背衬布；还有另一种类型的背布在两层发泡 PVC 之间，称为增强印刷发泡 PVC 卷材地板。这种卷材地板采用塑料涂层技术生产，必须以更高的价格粘贴 PVC 树脂。发泡需要较高的温度，导致生产速率低，有些产品有背布，所以价格更高。其性能特点如下：

● 具有发泡层和增塑剂含量高（60%），柔软有弹性，行走时感觉舒适，具有一定的绝缘性和隔音性。

● 除了印刷图案外，还有用化学浮雕技术制作的浮雕图案；表面纹理丰富；装饰效果优于任何其他卷材材料。

● 增塑剂含量高，表面耐污性较差，但抗划性好。

● 良好的平铺性能，一般不发生翘边；可直接在平地上铺设，无须使用黏接剂。

● 采用发泡 PVC 层，耐凹陷弱，易造成永久性凹痕，易受机械损伤。

● 容易被香烟燃烧。不仅燃烧透明层，而且燃烧泡沫 PVC，并产生凹痕，不能用砂纸恢复。

● 耐磨性极好。

图 9–2　PVC 地板

9.5.3　塑料壁纸

墙纸和墙布是国内外应用最广泛的墙体装饰材料。图案包括仿棉图案、木图案和石图案，也包括纺织物或普通砖墙的图案，具有凹凸纹理和电子纺丝。根据多种分类方法，壁纸和墙布有多种类型。例如，根据装饰效果，它被分为印刷、平面壁纸和浮雕壁纸。根据功能，分为装饰、防水、防火壁纸等。根据施工方法，分类为现场需要刷胶的类型和要求在其背面预涂压敏胶以进行直接粘贴的类型。根据采用的材料，分为纺织物、天然材料和塑料壁纸。

塑料壁纸以纸为基材，聚氯乙烯塑料为面层，通过滚压、涂布、印刷、压花、泡沫等工艺生产。塑料壁纸采用的树脂是聚氯乙烯，故又称聚氯乙烯壁纸。由于它采用的原材料价格廉价，耐磨、不可燃、易擦洗、易清洗，已成为世界各国的主要壁纸产品。

图 9–3　塑料壁纸

（1）塑料壁纸的选用

墙纸和墙布是室内装饰的主要方法之一。选择适当的设计和类型有助于达到多种预期效果。壁纸的功能主要包括：

①利用墙纸的图案和色彩，可以创造出满足不同要求的室内气氛。例如，庄严的环境，如会议，更合适采用颜色较少、图案简单的壁纸。

②壁纸创造可以创造特殊效果。例如，仿木图案和石材图案的壁纸可能产生逼真的效果。

③墙纸可供许多有特殊要求的地方使用。例如，特殊的抗菌壁纸可应用于医院病房，以防止细菌积聚在墙上。

④吸声。

⑤易于清洗打理。

⑥一些特殊的壁纸如防水、防火、防霉等，适用于酒店、餐厅和其他一些公共建筑。

壁纸的种类繁多，性能差异很大，应根据装饰装修的要求和产品性能来选择。

（2）塑料壁纸的特性

塑料壁纸是国内外广泛使用的内墙装饰材料。它可用于屋顶和柱子等区域的表面装饰。与传统装饰材料相比，它有以下特性：

①一定的柔韧性和抗裂强度　基层结构（如墙体表面和屋面表面）允许有一定的裂缝。

②良好的装饰效果　塑料壁纸表面可采用印刷、压花、发泡等工艺处理，打造仿天然石材、木材或锦缎图案；色彩斑斓的图案适合不同环境的设计，可以印在表面，以达到自然流畅、朴素典雅的外观。墙面占整个室内装饰面积的60%~80%，是体现装饰效果的重要部分，它决定了房间的艺术和文化氛围。在图案、颜色、光泽和纹理图案、颜色、光泽及纹理方面比涂层和木材产生更好的效果。此外，它还创造了浮雕和珠宝光泽的艺术效果，以及仿陶瓷、仿木、仿大理石和仿黏土砖以及仿合金截面的效果。壁纸具有美丽典雅的色彩和丰富的艺术设计，与涂料等材料相比，更适合作为墙面装饰材料。

③可加工成具有不燃烧性、隔热性、吸音性、防霉等特点的产品，它不太可能引起凝结，可用于洗涤和抗机械损伤。

④方便胶合粘贴　塑料壁纸即使在潮湿状态下也具有良好的强度，耐拉拽，易于用107黏接剂或乳白色胶水黏合和粘贴。

⑤使用寿命长，维修方便　表面可水洗，耐酸碱性强，易保持清洁。大多数塑料壁纸可用于擦洗，具有耐污性和耐磨性。与石材、陶瓷或金属相比，塑料装饰材料具有较低的导热系数，具有更好的保温和保存性能，更好的纹理和服务性。

⑥燃烧性水平和耐老化性、水密性和气密性，因为有时塑料墙纸材料的紧密性破坏了砖混凝土墙的呼吸，使房间里的空气变得干燥，不再新鲜，这样里面的人就会感到不舒服。

（3）壁纸的分类

①普通壁纸　被称为纸基壁纸，它是由80g/cm^{2}的纸作为基材，在周围涂上聚氯乙烯糊树脂（PVC糊树脂）。然后通过印刷和压花等程序处理。它分为单色印刷，浮雕印刷等，是最广泛使用的壁纸，有很多的颜色，产量大，经济实惠。

②发泡墙纸　分为低发泡壁纸，低发泡印花壁纸和高发泡壁纸。发泡壁纸是由100g/cm^{2}纸作为基材，发泡壁纸采用100g/cm^{2}纸为基材，在300~400g/cm^{2}的条件下涂上PVC糊树脂，然后通过印刷和发泡程序处理。与印刷壁纸相比，它具有弹性凹凸图案和多种颜色的设计，创造了更强的三维效果，良好的触觉和柔光效果，吸声效果。

③特殊类型壁纸　又称专用壁纸，是指具有特殊功能的壁纸。常用的类型有防水、防火和特殊装饰壁纸。防水壁纸：采用玻璃纤维垫为基材，（其他工艺同塑料壁纸）与耐水黏结剂混合，满足装饰要求洗手间和浴室等的墙壁。它可以用水冲洗。然而，如果在应用中接头处有渗水，水会溶解黏结剂，从而使墙纸脱落。

景观墙画壁纸：墙纸的表层印有风景名胜图片或艺术墙画。通常它由许多件组成，并应用于装饰大厅的墙壁。

9.5.4 塑钢门窗

目前，塑钢门窗已成为一个技术成熟、标准统一、社会合作深入的大型生产领域。其被誉为继木、钢、铝门窗之后的新一代。

（1）塑钢门窗的概念

塑钢门窗的制作方法：以聚氯乙烯（PVC）树脂为主要原料，加入一定量的稳定剂、改性剂、填料和超等添加剂、吸收剂，并通过挤压程序加工成成型的材料，然后通过切割和焊接制成门和窗户框架。最后将它们与橡胶密封条和金属配件等附件匹配，以生产门窗。为了增强成型材料的度，在其空腔中加入钢衬，因此塑钢门窗也称为塑钢门窗。类型有：侧挂门窗，滑动门窗；根据用户要求可定制生产专用规格。有两种结构：单框单玻璃和单框双玻璃。

图 9–4　塑钢门窗

（2）塑钢门窗的特点

塑钢门窗具有外观美观、尺寸稳定、耐老化、牢固、耐腐蚀、耐冲击、密闭性和水密性能好、使用寿命长等优点。与传统的木窗和钢窗相比，塑料门窗具有以下特点。

①耐水性和耐腐蚀性　塑钢窗具有耐水、耐腐蚀的特点，不仅适用于雨天、潮湿地区，也用于地下建筑和工业建筑受腐蚀影响的场所。

②保温性能好　塑料的导热系数与木材接近，但由于塑钢窗的框架是用空心不规则的截面组装而成的，我们可以了解塑料门窗的优异隔热性能。它们的隔热性能远优于钢木窗。

③良好的气密性和水密性　设计时考虑PVC窗不规则截面的气密和水密要求。密封条保证具有良好的防风和隔声性能。

④良好的装饰效果　聚氯乙烯塑料可以着色，目前白色是更优先和采用的；它可以设计和加工到不同的颜色，使建筑物更美丽。

⑤方便维修　聚氯乙烯窗户无锈蚀和腐蚀，这与需要保护涂层的木材和钢窗不同。它的表面光滑明亮，所以很方便清洗；其部分配件可以更换，便于维修。

（3）塑钢门窗的性能

①透气度　在10Pa压力下，接缝单位长度的透气性小于0.5m^3/（m·h），满足GB7107中对一级的要求。

②雨透性（水密性）在100Pa的高压下保持无渗透，满足GB 7107中第五级的要求。

③抗风荷载　抗风荷载为受力钢筋相对挠度为1/300时的抗风荷载强度值；安全性试验结果为2500Pa，满足GB 7106第三级要求。

④隔声　隔声PW=32dB，满足GB 8485中对二级的要求。

⑤导热系数　2.45W/（m^2·K），符合GB 8484中对二级的要求。

⑥耐候性　塑料型材采用特殊材料成型。加速老化试验表明，塑钢门窗可在温度较高的环境中长期使用，温度范围（−50~70℃）；燃烧、阳光和水分不会导致质量恶化、老化或脆性的发生。

⑦防火性能　塑钢门窗不可燃，自熄性强，安全可靠，扩大了应用范围。

⑧保温节能　塑料截面呈多腔结构，具有良好的保温性能。其导热系数特别小，只有钢的1/357，铝的1/1250。

（4）塑钢门窗的应用

目前，我国生产的塑钢门窗主要分为五种类型，包括侧挂式和滑动式门窗、地弹簧门等，有20多种一系列的尺寸。此外，还生产耐腐蚀门窗和水平枢轴悬挂窗，以满足特殊工业建筑的要求。

塑钢门窗是在生产、服务和环境保护等方面，均优于木材、钢、铝门窗。根据中国建筑研究物理学会提供的数据，双釉塑钢窗导热系数平均值为 2.3W/（m^2·K），因此每年每平方米节约 21.5kg 标准煤。生产单位体积 PVC 的能耗为钢的 1/2.5，铝的 1/8.8；在加热区域，如果采用塑钢窗，与普通钢窗或铝窗相比，节省 30%~50% 的能源。

塑钢门窗所用材料的优点使其具有优良的保温、隔声、气密性、水密性和密封性和节能效果。具有良好的耐蚀性、阻燃性和较长的使用寿命。它们覆盖了我国相当大的应用市场。建设部作为国家建设主管部门，一直在鼓励塑钢门窗的应用，正在大力推动发展塑钢门窗，进一步加快了技术进步，优化了石化、塑料加工等相关行业的产业结构。

复习与思考

1. 简述塑料的分类和特性。

2. 简述塑料的组成成分。

3. 简述塑料墙纸的种类、结构和特点。

第 10 章
纤维织物

纤维织物及其制品是现代建筑室内装饰不可缺少的装饰材料。它的颜色、质地、柔软性和弹性等，直接影响室内风景、光线、纹理和颜色。选择合适的装饰面料和纤维产品，不仅美化了室内环境，而且带来了舒适的感觉。创造了其他装饰材料无法达到、不可模仿的艺术效果。纤维织物主要包括地毯、挂毯或壁挂、壁纸和窗帘等。近年来，这些装饰织物在类型、图案、材料质量和性能等方面得到了很大的发展，成为优良材料内部装饰。

10.1 纤维的分类

用于室内装饰织物的纤维包括天然纤维、化学纤维和无机纤维。这些纤维具有不同的特点，装饰有不同的效果。

10.1.1 天然纤维

天然纤维包括棉、棉花、亚麻和丝绸。

（1）棉

棉温暖柔软，弹性高，不可燃，具有新鲜稳定的光泽。因此，它是天然纤维之一，很久以前就被人们使用了，但很容易被蠕虫破坏。

（2）棉纤维

棉纤维柔软，透气性好，保温性好。容易烫平，棉纤维产品主要包括素色和印刷壁纸、窗帘和垫盖。

（3）亚麻纤维

亚麻纤维刚度高，强度高，耐磨性好。它美丽舒适，但纯麻昂贵，因此，经常与化纤混合产生不同的产品。

（4）其他纤维

除了上述各种常用的天然纤维外，还有一些很少使用的类型，如椰子纤维、木纤维、芦苇纤维、黄麻纤维和竹纤维。

10.1.2 化学纤维

化学纤维分为人工纤维（粘胶纤维和醋酸纤维等）、合成纤维（聚酰胺纤维、聚酯纤维、聚丙烯纤维和聚氨酯弹性纤维）。

（1）粘胶纤维

粘胶纤维分为人工丝和人工棉。它不耐污渍或耐磨，容易起皱。通常与其他混合纤维，用作窗帘或垫布。

（2）醋酸纤维

轻质、稳定、不燃、不易起皱，具有丝状外观，主要用作窗帘。

（3）聚酰胺纤维（锦纶）

以前被称为尼龙，又称锦纶，其优点是耐腐蚀、易清洗和耐磨。缺点是低弹性，易着灰尘和变形，在火灾中部分熔化。

（4）聚酯纤维（涤纶）

它具有良好的耐磨性，在潮湿状态或干燥状态下保持不变。它不太可能卷曲，并具有耐热性。混合许多其他纤维和棉纱来制造床单和窗帘。

（5）聚丙烯纤维

具有重量轻、强度高、弹性好、防霉防蛀、易清洗、耐磨性好、生产成本低等优点。

（6）聚丙烯腈纤维（丙烯酸）

轻质，柔软，防潮，防霉，防蛀和热防腐性，具有良好的弹性和抗力，抗酸碱腐蚀，耐光。

10.1.3 玻璃纤维

玻璃纤维是由熔融玻璃制成的。直径从几微米到几十微米不等。玻璃纤维脆性大，易折断，不耐磨，但具有良好的高温性能，耐腐蚀和吸声。对人体有刺激，不适合人体直接接触的区域。市场上有许多类型的纤维。正确识别不同种类的纤维有助于更好地应用和铺设工作。区分纤维的方法有很多，有一个简单的方法是燃烧，通过比较燃烧速度、产生的气味和灰的形式等来区分。

10.2 地毯

地毯是一种具有悠久历史的装饰产品，具有保温、隔声和独特的艺术魅力。

地毯具有防风、防潮、吸尘、保护地板

表面和室内环境美化等功能，它以其巧妙的图案和设计、颜色和纹理，表现出巨大的艺术价值。

图10-1 地毯

10.2.1 地毯的种类

（1）根据材料分类

①纯棉地毯 主要由粗棉制成，具有质地坚固、弹性高、耐用、光泽度高等特点。装饰效果好，但成本较高，属于高级材料。

手工编织的纯棉地毯柔软舒适，有清新的光泽、美丽的图案，主要应用于高档酒店、餐厅和高级会议室。

②化纤地毯 又称合成纤维地毯，以不同种类的合成纤维为原料，经簇绒或纬纱制成面层，然后表面层缝制亚麻布底层。化纤地毯的外观和触感与纯棉地毯极为相似，耐磨，高度弹性，但成本低于纯棉地毯，是目前消费最多的中低档地毯。可在木地板、马赛克、水磨石混凝土地、水泥混凝土地等表面进行摊铺或黏结。 应用于酒店、餐厅、休息室、接待室、轮船、车辆和飞机的装饰。

③混合地毯 是由棉纤维与合成纤维混合而成。其性能介于纯棉地毯和化纤地毯之间。一般添加合成纤维，以提高地毯的耐磨性，降低其生产成本。 例如，在棉中加入20%的聚酰胺纤维，地毯的耐磨性提高了5倍，并且提高装饰效果，价格却远低于纯棉地毯。

（2）根据编织技术分类

①手工编织地毯 表面是手工加工而成。

②机制地毯 其表面采用机械设备加工。按其编织工艺又分为编织地毯、簇绒地毯、针织地毯、针刺地毯、黏结地毯、静态簇绒地毯和编织地毯。

10.2.2 地毯的主要工艺性能

（1）耐磨性

地毯的耐磨性是衡量和评价其使用耐久性的重要指标，它表现为耐磨损时间，即在设定压力下耐磨的时间。

（2）弹性

弹性指经过一定时间的碰撞（一定的动态载荷）后其厚度减小的百分比，这是决定地毯舒适性的重要性能。

（3）剥离强度

地毯的剥离强度描述了地毯表层与背布层之间的结合强度，也描述了地毯的防水性能。它是用背布剥离力来表示的，即用某些仪器和设备以规定的速度将50mm宽样品地毯的表面层从其背布剥离到50mm长度所需的最大力。

（4）绒毛黏合强度

绒毛黏合强度是指地毯绒毛与其背布之间的黏合牢度。化纤簇绒地毯的黏结强度用其簇绒退缩所需的力来表示。

（5）静态阻力

它被定义为充放电的性能。 静电的含量与纤维的电导率有关。在摩擦之后，有机高分子材料会产生静电。由于高分子材料是绝缘的，阻碍了静电的释放，因此在化纤地毯中积累的静电比在棉地毯中积累的静电多。因此，化纤地毯更容易吸收灰尘，更难清洗，甚至人们走在地毯上会有触电的感觉。因此，在化纤地毯中加入一定量的抗静电剂，以增强其静电性能，通常用表面电阻和静态电压来表示。

（6）耐老化性

耐老化性主要指化纤地毯。这是因为化学合成纤维由于光和空气等因素容易被氧化，导致地毯性能的恶化。耐老化性能一般通过一定时间紫外线照射后其磨损次数、弹性和光泽的变化来评价。

（7）耐火度

耐火度定义为化纤着火时一定时间内的燃烧程度。

（8）微生物抗性

地毯作为地板表面材料，在使用中容易被细菌感染。因此，在生产过程中，需要采用防炎或抗微生物措施。一般规定，地毯耐 8 种常见霉菌和 5 种常见病菌的腐蚀，即被认为具有良好的微生物抵抗性能。

10.3 挂毯

挂毯又称墙毯，是一种用于欣赏的内墙挂艺术品，又称艺术挂墙。挂毯有美丽的图案，一般由纯棉、亚麻等材料制成。近年来，混纺纤维或化纤主要用于生产挂毯。挂毯除了具有吸声、保温、隔热等实用功能外，还能给人以美感。挂毯有多种尺寸，也可定制丰富的主题，如山水、动物、花鸟等。

10.4 纺织物壁纸

织物壁纸主要包括纸基织物壁纸和麻纹壁纸。

（1）纸基织物壁纸

纸基织物壁纸是由棉、亚麻、丝绸等天然和化学纤维制成的厚、薄纱或具有不同光泽和图案的织物，用原纸固定纱线或织物。图案用不同颜色的纱线排列，或通过与金线或银线混合旋转来创造，为墙面提供金点闪烁的外观，从而实现装饰效果。此外，壁纸可用的浮雕图案，以创造独特的风格。

纸基织物壁纸的特点是色彩柔和典雅，墙面立体感强，吸音效果好。它耐阳光，不褪色，无毒无害，无静电，且具有良好的透气性和防潮性能。适用于酒店、餐厅、会议室、接待室、机房和卧室等。

（2）亚麻墙纸

麻壁纸是以纸张为基层，机织麻作面层，然后将它们加工在一起而制成的室内装饰材料。这种壁纸具有吸音、防火、保湿、防尘、不变形等特点，对人体无任何副作用。它富有自然和原始的自然美，给人们带来生活在大自然中的感觉。适用于餐厅和酒店、会议室、接待室、酒吧、舞厅和客房。

（3）纯棉装饰墙布

纯棉装饰墙布是经过加工、印刷、耐磨树脂涂层等工序用纯棉素布制成的。无毒，无味，强度高，静态和蠕变小，吸声性能好。适用于酒店、餐厅等公共建筑以及住宅建筑，也可以粘贴或悬挂在由砂浆、混凝土、白砂浆、石膏板、单板、纤维板和石棉水泥制成的墙面上。棉布装饰墙布也可用作窗帘。浅色的薄窗帘在夏天创造了平静和舒适的气氛。

（4）无纺布墙布

无纺布墙布是由棉麻等天然纤维或涤纶和腈纶等合成纤维经无纺布加工而成的新型墙体装饰材料，有树脂涂层和彩色图案印刷。这样的墙布光滑，有弹性，耐磨，有清新美丽的颜色和图案以及良好的渗透性和防潮性能。容易清洗，不褪色。适用于不同类型建筑的内墙装饰。特别是涤纶棉无纺布墙布不仅具备亚麻无纺布的所有性能，还易清洗、光滑，特别适用于高级酒店和住宅建筑。

（5）化纤装饰墙布

化纤装饰墙布是由化纤布（单织物或多织物）加工印刷后制成的。常用的化学纤维有粘胶纤维、醋酸纤维、聚丙烯纤维、丙烯酸、尼龙、涤纶等。该产品无毒、无味、透气、防潮、耐磨，适用于酒店、餐厅、办公室、建筑物、会议室和住宅。

（6）皮革和人造皮革

用皮革或人造皮革装饰的墙面具有柔软性、消声性、保暖性和耐磨性等优良性能，揭示出优雅高贵的装饰效果。皮革和人造革是一种先进的墙面装饰材料，其中最好的是真羊皮革。但由于其价格高，通常采用人造皮革与仿羊皮革。适用于体育馆、健身房中有防磕碰要求的内墙，以及声学要求较高的房间，如录音室和电话亭。在室内装饰工程中，人造羊皮革经常被用来制作软隔板，以及具有装饰和实用效果的吸音门。

10.5 装饰窗帘

随着现代建筑的发展，窗帘、桌布已成为室内装饰中不可缺少的组成部分之一，除装饰功能外，还用于遮挡外部光线，保护地毯等纺织品和装饰材料不因阳光而褪色和变质；防止灰尘侵入；调节室内温度，使室内环境温暖舒适。

窗帘、桌布的原料已经从棉麻等天然纤维织物发展到人造纤维织物或混纺织物。其主要类型包括棉布、混纺亚麻织物、粘胶纤维织物、醋酸纤维织物和聚丙烯腈纤维织物等。

图10-2 窗帘

10.5.1 窗帘类型

10.5.1.1 根据材料分类

窗帘、桌布通常分为四种类型。

①重材料 包括棉、仿毛化纤织物和亚麻织物等，是厚而重的织物。特点是保温性能好，隔声效果好，光线充足等，具有简单得体或古典庄重的风格。

②天鹅绒材料 包括天鹅绒、条纹天鹅绒和毛巾布等，是柔软细密的织物。特点是颗粒细密，质地柔软，自然下垂，保温，遮阳，隔声等。用作单层窗帘或厚层双层窗帘。

③光材料 包括花纹布、绸布、涤纶、尼龙等，是薄型轻质织物。特点是轻薄，褶皱悬挂效果好，清洗方便，但在遮光、保温、隔声等方面较弱。仅用作窗帘或与厚窗帘搭配使用。

④蕾丝。

10.5.1.2 根据结构分类

窗帘按结构分为外部、中间、室内窗帘。

①外部窗帘 它是最接近窗户玻璃的一层，阻挡阳光，并防止外部窥视。窗帘要求轻薄透明，通常采用薄半透明的织物。

②中间窗帘 一般采用半透明织物，如花式纱线织物、提花织物、提花印花织物、仿亚麻布和亚麻混纺织物。

③室内窗帘 它是为了美化室内环境，在材料质量、图案和颜色以及窗帘的精细加工方面都有很高的要求。室内窗帘是必需的，应具有隔热等功能，不透明，遮光和吸声，一般采用粗布风格和中厚织物，如棉、亚麻和不同种类的混纺织物。

10.5.1.3 其他分类方式

根据悬挂方式，分为单层和双层。

根据开启方法，分为单层水平拉、双层水平拉、全帘垂直拉和上下部垂直拉。

根据配件，分为造粒箱套，窗帘杆外露，窗帘杆未外露。

根据拉开后的形式，分为自然下垂和半拱形等。

10.5.2 窗帘的选择

选择合适的窗帘颜色和图案是实现室内装饰目标的重要步骤。窗帘的颜色应根据内部的完整性、不同的天气、环境和灯光考虑。例如，夏天最好使用明亮而薄的窗帘，冬天最好使用黑暗而厚的窗帘。此外，在窗帘的选择中应考虑室内墙面、家具和照明的颜色，以保持整体和谐。

图案是窗帘选择中应考虑的另一个重要问题。垂直方向的图案或条纹使窗户看起来比它的实际尺寸小，而分散的模式让窗户看起来更大。大的图案使窗户看起来更小，小的图案使窗户看起来更大。因此，窗帘图案应根据窗户的大小、高度和房间色调来选择。此外，窗帘的长度也是影响窗帘图案选择的一个因素。

复习与思考

1. 简述纤维的分类。
2. 简述装饰织品的主要品种、特点和用途。
3. 简述地毯在选购和保养时应该注意的问题。

第11章 石膏

11.1 石膏概述

石膏及其制品具有保温、隔热、吸声、防火等多种功能。颜色为白色，质量轻巧，体积稳定，无缺陷。经过硬化处理，与水混合时具有良好的模塑性能。建筑石膏长期以来一直被用作室内装饰材料，特别是被制成各种柱子的装饰品和模子等。它们装饰在墙壁、柱子和天花板的表面，以其简单和强烈的立方感创造典型的欧式装饰效果。传统的石膏既精细又干净，但由于其在制造过程中的精度较低，现在正逐渐被各种精确加工的彩色浮雕艺术产品所取代。

在不同的加热程度和条件下，二水石膏转变成不同的形式，具有不同的性质，如半水石膏、硬石膏和高温煅烧石膏等。

（1）建筑石膏的生产

石膏的主要原料是天然二水石膏（$CaSO_2 \cdot 2H_2O$）和天然硬石膏（$CaSO_4$）（又称硬石膏），两者都为生石膏。普通建筑石膏为半水合物 $CaSO_4 \cdot 1/2H_2O$，在加热到1500~1700℃时从二水合物和硬石膏分解，所以又称巴黎石膏或半水石膏。

（2）建筑石膏的性能及技术要求

石膏及其制品具有轻质、保温隔热、防火、吸声、形态丰满、条纹清晰、表面光滑细腻、易于施工等特点。其性质主要包括以下几方面。

①快速冷凝和硬化　强度降低石膏与水混合后，浆料在6~10min内开始失去塑性，20~30min后产生强度。但为了保持其必要的可塑性，它需要的水为自己体重的60%~80%。硬化后，过多的水分蒸发，在硬化的石膏中留下许多孔隙，从而降低了其强度。为避免这样的结果，可加入一定量的胶乳等胶水溶液，减缓硬化速度，提高石膏搅拌强度。

②体积的微膨胀　浆液凝结硬化开始时体积会略有膨胀。膨胀比为0.5%~1.0%时石膏制品表面光滑，尺寸准确，边缘和角落清晰丰满，装饰效果精致。

③建筑石膏制品硬化后，内部形成大量孔隙，孔隙率高，保温性能好，吸声性能好，孔隙率达到50%的有较小的导热系数，具有良好的保温、耐热性和吸声性能。

④建筑石膏制品因其热容量较大，具有一定程度的调温调湿功能。

（3）建筑石膏的应用

建筑石膏是一种耐热、防潮、吸声、防火材料。作为一种室内装饰材料，它是我们广泛使用的天花板和隔断项目中的面板。建筑石膏可用于制作混凝土、高强度石膏黏粉，粉刷石膏，以及各种石膏板、石膏饰带及柱饰等。建筑石膏及其制品主要用于饰面砂浆、墙面腻子、模型等工程，可制作浮雕产品、石膏板隔断和天花板等。

11.2 石膏产品

建筑石膏适合用作耐热、防潮、吸音和防火材料。它不仅用作饰面砂浆、墙面腻子的材料，也广泛应用于生产各种石膏板，如装饰石膏板、镶嵌装饰石膏板、普通纸面膏板和吸声用穿孔石膏板。

11.2.1 装饰石膏板

它是一种没有保护罩的装饰板，由建筑石膏作为基本材料和少量增强纤维、胶结物和改性剂制成，经过制造、混合、成型、烘焙等工艺。装饰石膏板具有重量轻、强度高、防潮、不变形、防火、耐火、调节室内湿度等特点。具有施工简便，加工性好，可锯、钉、刨、卡等优良性能。装饰石膏板应用于装饰工业和民用建筑的内墙和天花板。

图 11–1　石膏板

（1）分类及规格

装饰石膏板为方形。根据边缘截面的类型，

分为垂直倒角和45英寸倒角；根据功能，分为普通板、防潮板、防水板和防火板；根据表面装饰效果，有平板和浮雕板。

常用石膏板尺寸为500mm×500mm×9mm和600mm×600mm×11mm。这里的板厚是指前后的垂直距离，不包括它的边缘倒角、孔和浮雕图案。

（2）性能及技术要求

装饰石膏板具有重量轻、强度高、防火、隔音、高延展性等特点。可采用锯、刨、钉、钻、粘等方式加工。合格的装饰石膏板不应存在气孔、斑点、裂纹、未填充、颜色不成比例和图案不完整等缺陷，以削弱其装饰效果。其吸水率在5%~11%。

（3）应用

装饰石膏板表面，色彩和图案丰富，光滑纯白，纹理细腻。浮雕面板具有更强的立体印象，传递着柔和的感觉。具有重量轻、保温、吸声、防火、耐火、调节室内湿度等性能。装饰石膏板主要用于工业和民用建筑的内墙、吊顶、非承重内部隔墙等装饰，办公楼、剧院、餐厅、酒店、音乐厅、购物中心、会议室、候车室和幼儿园等建筑的墙面。 耐湿石膏板应用于湿度较大的环境。

11.2.2 镶嵌装饰石膏板

镶嵌装饰石膏板是一种镶嵌式带槽的石膏板，其物理力学性能要求满足《装饰石膏板》（JCT 800—1996）的要求。它的性能类似于装饰石膏板，由于其不同的颜色、浮雕图案、孔隙风格和排列方式，可创造更好的装饰效果。 同时，镶嵌装饰石膏板安装时，只需镶嵌在龙骨上，没有任何额外的固定，整个过程只是组装，任何位置的板都可以随机拆卸或更换，这对项目的执行非常有利。

镶嵌装饰石膏板具有重量轻、强度高、吸音、防潮、防火，不变形和调节室内湿度等特点。它的应用和安装方便，可锯、钉、刨、粘等。特别是它创造了更好的装饰效果，具有更好的吸声效果。

镶嵌式装饰石膏板适用于剧院、饭店、宾馆等公共建筑和纪念性建筑的室内吊顶和部分墙面的装饰。

11.2.3 普通纸面石膏板

普通纸面石膏板是以建筑石膏为主要原料，掺入纤维和外加剂构成芯材，并与护面纸牢固地结合在一起的建筑板材。护面纸板主要起到提高板材抗弯、抗冲击的作用。有纸覆盖的纵向边称为棱边，垂直棱边的切割边称为端头；护面纸边部无搭接的板面称为正面，护面纸边部有搭接的板面称为背面；平行于棱边的板的尺寸为长度，垂直于棱边的板的尺寸称为宽度，板材正面和背面间的垂直距离称为厚度。

（1）形状与规格

普通纸面石膏板根据棱边的形状分为矩形（代号PJ）、45° 倒角形（代号PD）、楔形（代号PC）、半圆形（代号PB）和圆形（代号PY）五种。普通纸面石膏板的规格尺寸，长度为1800mm、2100mm、2400mm、2700mm、3000mm、3300mm和3600mm。宽度为900mm和1200mm，厚度为9mm、12mm、15mm和18mm，生产厂家也可按需生产其他规格的板材。

（2）产品标记

标记的顺序为：产品名称、板材棱边形状的代号、板宽 × 板厚及标准号。如板材棱边为楔形、宽为900mm、厚为12mm的普通纸面石膏板，标记为普通纸面石膏板PC900×12GB 9775—1988。

（3）特点与应用

普通纸面石膏板具有质轻、抗弯和抗冲击性强、保温、防火、吸声、收缩率小的性能，可锯、可钉、可钻，并可用钉子、螺栓和以石膏为基材的胶黏剂或其他胶黏剂黏结，施工简便。当与钢龙骨配合使用时，可作为A级不燃性装饰材料使用；耐水性差，受潮后强度明显下降，并会产生较大变形或较大的挠度，板材的耐火极限一般为5~15min；表观密度为800~950kg/m^3；导热系数为0.193W/（m·K）；双层隔声性能较好，可减少35.5dB；它的强度比石膏装饰板高；强度与板厚有关。纸面石膏尺寸规范、表面平整，还可以调节室内温度。

普通纸面石膏板主要适用于室内隔断和吊顶。普通纸面石膏板仅适用于干燥环境，不适用于厨房、卫生间，以及空气相对湿度大于70%的潮湿环境。

普通纸面石膏板做装饰材料时须进行饰面处理，才能获得理想的装饰效果，如喷涂、辊涂或刷涂装饰涂料，裱糊壁纸；镶贴各种类型的玻璃片、金属抛光板、复合塑料镜片等。

普通纸面石膏板与轻钢龙骨构成的墙体体系为轻钢龙骨石膏板体系（简称 QST）。其构造主要有两层板墙和四层板墙；前者适用于分室墙，后者适用于分户墙。墙体内的空腔还可方便管道、电线等的埋设。此外，该体系还具有普通纸面石膏板的各种优点。

11.2.4 吸声用穿孔石膏板

吸声用穿孔石膏板，是指以穿孔的装饰石膏板或纸面石膏板为基础板材，与吸声材料或背覆透气性材料组合而成的石膏板。它需要装饰石膏板和组织板作为基本材料，由穿孔石膏板、覆盖材料、吸声材料和板后空气层组成。石膏板本身并不具有优异的吸声功能，但在穿孔后，每个孔与其上的空气层构成共振吸声结构。同时，为了防止杂物掉进洞里，把一层膜材料（如绵纸、桑树纸和微孔玻璃织物等）粘在板的背面，它执行膜共振的功能。在石膏板后面固定一些多孔吸声材料（如玻璃棉、矿物棉、泡沫塑料等），吸声效果特别好。因此，应首先考虑吸声功能的选择，其次是尺寸，然后是颜色和模式。

图 11–2 穿孔石膏板

（1）形状与规格

吸声用穿孔石膏板为正方形，边长为500mm 和 600mm，厚度为 9mm 和 12mm，棱边形状分直角形和倒角形两种。

吸声用穿孔石膏板的产品标记顺序为：产品名称、背覆材料、基板类型、边长 × 厚度、孔径、孔距及标准号。如吸声用穿孔石膏板YC600×12–6–18GB 1198。

（2）特点与应用

吸声用穿孔石膏板具有较高吸声性能，由它构成的吸声结构板后有背覆材料、吸声材料及空气间层的厚度，其平均吸声系数可达 0.11~0.65。以装饰石膏板为基板的还具有装饰石膏板的各种优良性能。以防潮、耐水和耐火石膏板为基材的还具有较好的防潮性、耐水性和遇火稳定性。吸声用穿孔板的抗弯、抗冲击性能及抗断裂荷载较基板低，使用时应予以注意。

吸声用穿孔石膏板主要用于音乐厅、影剧院、演播室、会议室以及其他对音质要求高的或对噪声限制较严的场所，作为吊顶、墙面等的吸声装饰材料。使用时可根据建筑物的用途或功能及室内湿度的大小，来选择不同的基板，如干燥环境可选用普通基板，相对湿度大于 70% 的潮湿环境应选用防潮基板或耐水基板，重要建筑或防火等级要求高的建筑应选用耐火基板。表面不再进行装饰处理的，其基板应为装饰石膏板；需进一步进行饰面处理的，其基板可选用纸面石膏板。

吸声穿孔板产品标签的顺序为产品名称、覆盖材料、基本板类型、边长、厚度、孔径、节距和标准规范。如采用覆盖材料的吸声穿孔石膏板，其边长为 600mm×600mm，厚度为 12mm，孔径为 6mm，螺距为 18mm，标号为 as，则为：吸音穿孔石膏板 YC600×12–6–18GB 1198。另外，产品标识、质量等级、名称、制造商和生产日期应在包装箱上清楚地标明，并应在包装箱上附上质量证明书。

吸声穿孔石膏板可分为普通板、防水板和防火板等。根据它的不同基板，吸声材料（如矿棉等）或覆盖材料可以粘在板的背面。吸声穿孔石膏板以不同的石膏板为其基板，也具有其基板的性能，但其抗弯、抗冲击和断裂载荷低于基板，在应用中必须考虑到这一点。

吸声穿孔石膏板利用盲孔、板上穿孔和背面吸声材料以及一定厚度的浮雕图案达到吸声效果，因此不同结构的穿孔、材料和浮雕图案产生了不同的吸声效果。对有普通吸声需求的建筑，宜采用装饰吸声石膏板。 当需要更高的吸声时，就选择吸声穿孔石膏，并可采用与穿孔板重合的浮雕面板。吸声穿孔石膏板主要用于室内天花板和墙身的吸声结构。在安装时，其背面的箭头应该是相同的方向，用白线保持模式的整合。在潮湿环境或需要较高耐火等级时，应采用适当的防潮、防水或防火基板。吸声穿孔石膏板具有重量轻、防火、隔音、隔热、抗振动性好等性能，可用来调整室内湿度。具有良好的加工性能，便于干燥作业的应用，节省了人工，提高了施工效率。吸声穿孔石膏板被用作主要的吸声装饰材料，用于装饰悬挂天花板和墙壁的地方，也就是需要更高的声学质量或噪声严重受限的地方，如广播工作室、音乐厅、剧院和会议室等。

11.2.5 其他石膏产品

艺术装饰石膏产品是以优质建筑石膏粉为基材，添加纤维增强材料和胶结物等，与水混合制成的均匀的浆料，再倒入各种模具、图案和装饰图形的模具中，然后硬化、干燥和脱模。

艺术装饰石膏制品，可满足室内装饰设计要求。 这类产品主要包括凹形石膏线角、线板、图案角、壁炉、罗马柱、圆形柱、方形柱、扭曲柱、灯座等。至于颜色，建议采用优雅而无斑点的高质量白色建筑石膏板本身，以及由金粉或彩色油漆修饰。至于它的造型，可以选择不同样式。

斜纹石膏线角、线板和图案角具有表面光滑、清洁、白斑、色泽典雅、条纹清晰、图案设计、立体感强、尺寸稳定、强度高、无毒、防火、易于应用等优点。它们被广泛应用于豪华酒店、餐厅、写字楼和住宅的天花板装饰中，作为一种理想的装饰和整理材料，具有成本低，装饰效果好，室内湿度调节和防火等优点。它们可以直接用黏合石膏腻子和螺丝固定和安装。

石膏线角有各种图案。截面通常呈钝角形状，也可以是平板的形状，称为凹形石膏。石膏角线（或称翼缘）两侧的宽度可以是相等的，也可以是不等的，大小不一，一般在120~300mm，厚 10~30mm。石膏角线一般做成2300mm 长的条。石膏板线条有许多图案和设计，尽管它们比角线简单。石膏板线的宽度一般为 50~150mm，厚度为 15~25mm，每条带的长度约为 1500mm。

（1）凹形石膏灯环

作为一种优质的天花板装饰材料，凹形石膏灯环可以与灯饰结合起来，展示装饰气氛。 石膏灯环一般加工成圆形或椭圆形，也可以根据用户室内装饰的要求来设计。直径范围500~1800mm，厚度 10~30mm。各种吊顶或吸顶灯搭配不同的浮雕石膏灯环，将人们带入一种优雅而华丽的装饰意境。

（2）石膏装饰线条

石膏装饰线条是一种 15~30mm 厚的装饰板，是根据设计先制作空腔块（软模），浇注石膏麻线浆料成型而成，然后把它硬化、脱模和干燥。石膏装饰线条有各种图案和尺寸。它的表面可以是天然的白色，石膏本身也可以镀金、象牙白色、暗红色和淡黄色，以呈现各种彩色绘图效果，可用于室内天花板或墙面的装饰。

复习与思考

1. 常用的石膏装饰板材主要有哪些？
2. 简述常用装饰石膏板的性能特点。
3. 石膏装饰制品有哪些？各有什么用途？
4. 装饰石膏板的规格有哪些？
5. 纸面石膏板按其功能分为哪几类？

第 12 章

建筑涂料

涂料是指通过采用刷涂、辐射、喷涂、抛涂、甩涂等操作技术，覆盖建筑单元表面，附着良好的材料，后期制作整体保护膜，延长建筑物的使用寿命。涂料具有色彩丰富、纹理生动、操作方便、维修改造方便等特点。采用涂料是装饰和保护建筑物最简单、最经济的方法。

图 12–1 涂料

12.1 装饰涂料的组成

涂料中的各组成部分具有不同的功能，但基本组成部分包括主要成膜物质、次级成膜物质和辅助成膜物质。

12.1.1 主要成膜物质

初级成膜物质也称为胶黏剂。 它将其他部件粘在一起，并附着在基片表面，形成一层坚固的保护膜。化学稳定性方面很高，大多数胶黏剂是大分子化合物（如树脂）或有机物质（油材料），在成膜后产生大分子化合物。

（1）石油

一些油性涂料的主要原料采用植物油。根据其是否干燥形成薄膜及其成膜速度，将其分为干燥油、半干燥油和非干燥油。

①干燥油（桐油、紫苏油等） 被大气氧化后的一段时间（一周内）涂覆在物体表面，形成硬油膜，是防水和有高度弹性的。

②半干油（豆油、葵花油和棉籽油） 需要较长干燥时间（一周以上），形成软黏油膜。

③非干燥油（花生油和蓖麻油等） 正常情况下本身不干燥，不能直接用于生产涂料。

（2）树脂

涂层只能由油材料制成，但这种涂层形成的膜在硬度、光泽度、耐水性和耐酸碱性能等方面不能满足更高的要求 。

树脂分为天然树脂（紫胶和中国漆等）、人造树脂（酯胶和硝化纤维素）及合成树脂（醇酸树脂、聚丙烯酸酯、环氧树脂、聚氨酯、氯磺化聚乙烯、聚乙烯缩合物、聚醋酸乙烯及其共聚物等）。为了满足涂料的多功能要求，可将多种树脂组合在一种涂料中，或将其与油材料结合为一次成膜物。

12.1.2 次级成膜物质

次级成膜物质是指涂料中不同种类的颜料。颜料本身不形成薄膜，但它是薄膜的组成部分，借助初级的键合成膜物质。它具有着色薄膜、增加薄膜织构、改善薄膜性能、开发不同类型的涂层和降低涂层成本等功能。

颜料有很多种，根据不同的化学成分，分为有机和无机颜料；根据不同的来源，分为天然和人工颜料。

调色颜料主要是为薄膜提供一定的色彩和隐藏能力。此外，无机颜料还具有一定的抗紫外线渗透能力，减轻了有机大分子初级成膜物质的老化，增强了薄膜的耐候性。建筑涂料常应用于碱面层（如砂浆或混凝土表面），并暴露在大气环境中，因此，它的着色颜料需要有更好的耐碱和耐光性。有机颜料具有较弱的抗老化性能，很少被用作建筑涂料的着色颜料。

12.1.3 辅助成膜物质

辅助成膜物质不能单独成膜，但对涂料的生产、涂料的施工和成膜过程有着重要的影响。涂层中的辅助成膜物质包括分散介质和添加剂。

（1）分散介质（稀释剂）

在施工中，涂层通常是液体，具有一定的稠度、侵袭性和流动性。因此，它应该含有大量的分散介质，也称为稀释剂。在涂料生产中，分散介质作为解决、分散和乳化初级成膜物质。在涂层施工中，它提供了一定的一致性和流动性，也提高了一次成膜物质的渗透能力。在成膜过程中，少量的分散介质将被基板吸收，大部分将逃逸到大气中。涂料中使用的分散介质包括有机溶剂和水。有机溶剂解决了树脂和油材料等一次成膜问题，便于涂料施工。而且，它具有一定的波动性。常用有机溶剂包括松节油、酒精、200号石脑油、苯、二甲苯和丙酮。以有机溶剂为分散介质的涂料称为溶剂型涂料。以水作为分散介质的涂层，称为水性涂层。矿物杂质含量较少的自来水可用于稀释水性涂料。

（2）添加剂

添加剂是为提高涂料性能和提高涂膜质量而添加的辅助材料。添加剂有多种类型。只有少量对涂层性能的提高产生了显著的影响。涂料中常用的添加剂主要包括以下几种类型。

①干燥剂　将干燥剂应用于以油为主要成膜物质的涂料中。可加速涂料的氧化、聚合、干燥和成膜过程，在一定程度上提高涂膜质量。常用的干燥剂主要是铅、钴、锰、锌等过渡金属元素的氧化物或盐，或这些元素之间反应产生的油酸、亚油酸和环烷酸。

②增塑剂　应用于以合成树脂为主要成膜物质的涂料中。它是分子量较小（300~500）的酯类化合物，在分子链之间插入削弱了大分子之间的结合力，从而增强了薄膜的可塑性和柔韧性。常用的增塑剂有邻苯二甲酸酯和脂肪酸酯。

③固化剂　是指与涂层的主要成膜物质发生反应，使其固化形成薄膜的物质。涂料中不同的一次成膜物质需要不同的固化剂。例如，硅酸盐涂料需要凝聚磷酸铝作为固化剂，室温固化环氧树脂大多采用聚烯和聚胺固化剂，如二亚甲基三胺和三亚甲基四胺。

④流变剂　主要应用于乳液型涂料中，在涂料中建立触变结构。这种结构具有以下特点：在涂层操作中由于剪切力的影响，降低了涂层的黏度，增加了涂层的流动性，有助于涂层的平整；涂层操作后，湿涂层膜迅速恢复到松散的网状凝聚状态，它的黏度大大增加，流动性大大降低，有效地防止了湿涂层膜的滴落和下垂。常用的流变剂有碱金属氧化物、膨润土、聚乙烯醇和丙烯酸共聚物。

⑤分散剂、增稠剂、泡沫杀手和防冻剂　这些添加到乳液型涂料中的添加剂分别起到以下作用：提高成膜物质在涂料中的分散程度；提高乳液的黏度，保持乳液的稳定性，改善涂层的平整；去除气泡；提高乳液的内部防冻性能，降低成膜温度。

⑥紫外线吸收剂、抗氧剂和抗老化剂　这些添加剂是为了吸收阳光下的紫外线，抑制和延缓大分子化合物的降解和氧化破坏过程，增强其保光膜，保持颜色和耐老化，延长薄膜的使用寿命。

还有一些其他添加剂，如防霉剂、防腐剂和阻燃剂等，它们应用于具有特殊功能要求的建筑涂料。

12.2　涂料的命名

国家标准《涂料产品的分类、命名和类型》（GB 2075—2003）对涂料的命名规定如下：命名原则是：涂料全称 = 颜色或颜料名称 + 初级成膜物质 + 基本命名。颜色应放在全名的开头。如果颜料对薄膜的性能起着突出的作用，它的名称可以取代颜色名称。全称中一次成膜物质的名称应适当缩短，如聚氨酯缩短为PU。如果涂层含有多种成膜物质，则取主类型的名称，基本名称是公认的名称，如红色醇酸搪瓷和铁红色酚醛防锈漆。

12.3　涂料的种类

12.3.1　根据应用领域分类

根据建筑涂料应用领域的不同分为墙壁涂料、内墙涂料、天花板涂料、地板涂料和屋顶防水涂料等。

12.3.2　根据主要成膜物质分类

根据成膜材料的不同，涂料分为有机、无

机和有机－无机复合涂料。以有机高分子材料为主要成膜物质的建筑涂料称为有机涂料。一些无机胶凝材料（主要包括水玻璃和硅溶胶）也是涂料的主要成膜物质，这种涂层是无机涂层。

12.3.3 根据分散介质分类

根据分散介质的不同，涂料分为溶剂型涂料和水性涂料。溶剂型涂料是指主要成膜物质在分散介质中分解成实际溶液状态的涂料。水性涂料是以水为分散介质的涂料。根据原生成膜物质在水中的不同分散方式，将其进一步划分为乳液型涂料、水分散型涂料和水溶型涂料。

12.3.4 根据建筑功能分类

将涂料分为装饰涂料，防水涂料，防腐涂料，防霉涂料，防雾涂料和防火涂料。

12.3.5 根据涂料层结构分类

将涂料分为薄、厚、分层建筑涂料等。

12.4 建筑涂料的主要技术性能要求

涂料的主要技术性能要求包括容器中的状态，黏度，固体含量，细度，干燥时间和最低成膜温度等。

（1）容器中状态

涂料在容器中的状态反映了涂层系统的储存稳定性。容器内存放的各种涂层要求无硬块，共混后处于均匀状态。

（2）黏度

涂料要求具有一定的黏度，以确保易于平整，但不下垂。建筑涂料的黏度取决于自黏性和一次成膜物质的含量。

（3）固体含量

固体含量定义为非挥发性物质的数量占涂层总量的百分比。它不仅影响涂料的黏度，同时也影响薄膜的强度、硬度、光泽度、隐藏力等性能。薄涂层的固体含量不低于 45%。

（4）细度

细度指涂料中二次成膜物质的颗粒尺寸，它影响了颜色的均匀性以及薄膜表面的平整度和光泽度，要求薄涂层的细度不大于 60mm。

（5）干燥时间

干燥时间分为表面干燥时间和硬干燥时间，会影响涂装工序的时间进度。一般要求表面干燥时间不超过 2h；硬干燥时间不超过 24 h。

（6）最低成膜温度

最低成膜温度是乳液型涂料的重要性能。以这种方式形成乳液型涂料的薄膜，随着介质（水的汽化）在涂层中的分散，细颗粒逐渐接近，形成薄膜。这种成膜过程只在一定的低温下，称为最低成膜温度。乳液型涂料的最低成膜温度要求为 10℃。此外，对于不同类型的涂料，有一些不同的特殊要求，如砂壁状涂料的集料设置和乳液树脂的低温稳定性类型涂层。

（7）薄膜颜色

与标准样品相比，要求薄膜颜色符合色差范围。

（8）隐藏力

隐藏力反映了薄膜对基体颜色的覆盖力，与涂层中着色颜料的着色力和含量有关，用每单位质量表示（g/cm^2）。它的面积需要覆盖指定的黑白方格（黑白检查板上的方格）。建筑涂料的隐藏能力应在 100~300g/cm^2。

（9）附着力

附着力代表薄膜与基体之间的结合牢度，用网格测试测量。制作涂层的标准薄膜样品，在每 1mm 间隔上面画十字线，用刀具切割水平和垂直 100 个小方块，用刀具切割薄膜，然后用软刷沿对角线刷 5 次，并用放大镜观察是否有脱落或剥落。附着力用剩余小方格的百分比表示。优质膜的黏接指标应为 100%。

（10）凝聚力量

黏结强度是基材与厚型建筑涂料或多层建筑涂料的涂膜之间黏结牢固性的性能指标。由涂层形成的薄膜结合强度高，不太可能剥离或剥落，具有良好的耐久性。

（11）抗冻性

外墙涂料的涂膜表面在其毛管中含有吸收的水，在冬季可能遭受反复冻融循环，从而导致开裂、粉化、起泡或剥落。因此，对于外墙涂料膜，需要一定的抗冻融能力。

用标准薄膜样品在 −23~−20℃温度下能承受的最大冻融循环来表示薄膜的抗冻融性能。周期越长，薄膜冻融阻力越大。

（12）耐污性

耐污性指抵抗大气粉尘污染的能力，是外墙涂料的重要性能。暴露在大气环境下的涂层会受到三种粉尘污染：第一种是沉积物污染，即灰尘自然沉积在涂层表面，其污染水平与薄膜的平整度有关；第二种是侵入污染，即灰尘和有色物质等与水一起侵入薄膜的毛细孔，其污染程度与薄膜的致密性有关；第三种是黏着污染，即由于其自身的静电或油污，表面倾向于吸收灰尘。其中第二种是对薄膜影响最严重的。膜对污染物污渍感知力越弱，耐污渍性越好。

（13）耐久性

在长期暴露于光、热和臭氧之后，有机涂层的一次成膜物质中的高分子往往会降解或交联，从而使涂层变得黏稠或粗糙，失去它的主要强度、灵活性和光泽，最后被损坏。这种现象称为涂层的老化。经过一定时间的加速老化处理后，薄膜膨胀、剥落或变色。

（14）耐水性

涂料长期与水接触后，容易出现起泡、掉粉、变色等现象。抵抗水造成这种破坏的能力称为涂层的耐水性。一般用浸泡试验测量涂料的耐水性，即将 2/3 的硬干膜样品浸泡在 25℃左右的蒸馏水或开水中，并检查薄膜尾部在指定时间是否发生上述破坏。耐水性弱的涂料不允许在潮湿环境中使用。

（15）耐碱性

大多数建筑涂料应用于含碱材料如水泥混凝土和水泥砂浆的表面，在碱介质的作用下，薄膜容易发生起泡、粉末掉落、变色等现象。因此，涂料必须具有一定的抗碱介质破坏的能力，称为耐碱性。耐碱性的测量方法是：将薄膜样品浸泡在 $Ca(OH)_2$ 饱和水溶液中一定时间，检查薄膜表面是否存在上述破坏现象，并确定破坏程度，以评价涂层的耐碱性。

（16）耐擦洗

耐擦洗指在长期被水清洗和擦洗后保持不破坏的性能。测量方法是：在样品板上刷膜，在一定的压力和一定的时间内，用一定浓度的肥皂水蘸上刷子，检查薄膜是否磨损，板的底色是否暴露。外部涂层的抗擦洗次数要求超过 1000 次。

上述所述技术要求并非所有涂层所必需。例如，抗冻性、耐污性和耐候性是外墙涂料重要的技术性能，但不需要内部涂料具备。此外，对于不同的涂层，也有一些特殊的要求，例如，地板涂料应有较高的耐磨性；对于多层建筑涂层，需要抗冲击性能。

12.5 溶剂型涂料中含有的有害物质

涂料中的聚酯涂料、聚氨酯涂料性能优异，近年来发展较快，目前在我国家居和装修业中使用量均排在前列。

聚酯漆和聚氨酯漆需配加固化剂才能使用，必要时还加入稀释剂、胶黏剂。而稀释剂中苯类化合物对人体健康有危害，因此顾客在购买和使用油漆配套的稀释剂时，都指明要不含苯的。但是，许多消费者至今还不知道固化剂中残留的甲苯二异氰酸酯（TDI）的毒性更大，对人体健康和环境的危害更加严重。

生产固化剂的主要原料是 TDI，其投料量接近总量的四成。TDI 是有毒的化合物，因此用于聚酯漆或聚氨酯漆固化时，要先行转化为新的无毒的物质，这便是生产中应用的固化剂。然而，由于生产工艺和设备水平的限制，总是有部分 TDI 不能转化而残留在固化剂中，因此，固化剂 TDI 残留量高低决定了固化剂毒性的高低。参照欧洲和美国标准，TDI 残留量低于 2% 属无毒级，低于 5% 属无害级，我国原化工部化工企业行业标准的规定中，也是以 2%TDI 残留量作为有毒和无毒固化剂的分界线。

12.6 应用

12.6.1 常用内墙涂料

内墙涂料也可作为天花板涂料，具有装饰和保护内墙和天花板的功能。为了达到良好的装饰效果，内部涂层需要有丰富和一致的颜色、温和的色彩、光滑细腻的纹理和良好的透气性、耐碱性、耐水性、抗粉性和耐污性等性能。此外，内墙涂料还应刷涂方便、维修方便、价格合理。

常用的内墙涂料包括合成树脂乳液内墙涂料、水溶性内墙涂料和多色纹理内墙涂料。

12.6.1.1 合成树脂乳液内墙涂料

合成树脂乳液内墙涂料又称乳胶漆，是以合成树脂乳液为主要成膜物质，添加着色颜料、扩展颜料而制成的涂料和添加剂，然后混合和研磨到一个薄涂层应用于内墙。

①特点

- 以水为分散介质，随着水的汽化而干燥并形成薄膜，施工中无机溶剂溢出，因此无毒，能够避免火灾。

- 膜具有良好的透气性，因此不会因膜的内外温差引起鼓泡。在新建建筑物的水泥砂浆和抹灰墙面上涂刷。用作内墙涂料，不凝结水分。

②种类

- 聚醋酸乙烯乳漆　聚醋酸乙烯乳液涂料的一次成膜物质是由聚醋酸乙烯单体通过乳液聚合产生的同聚合物。然后在同聚合物中加入着色颜料、填料和添加剂，通过研磨或分散处理生产乳液涂料。这样的涂层无毒无味，具有细腻光滑的薄膜，电子光泽，透气性好，颜色多，便于施工，装饰效果好。在耐水性、耐碱性和耐候性等方面比其他共聚物乳液弱，属于中档内墙涂料。

- 丙烯酸酯漆　其主要成膜物质为丙烯酸酯类的共聚物乳液，甲基丙烯酸甲酯、丙烯酸乙酯、丁酯和丙烯酸，以甲基丙烯酸为单体，通过乳液共聚工艺得到纯丙烯酸系列共聚物乳液。丙烯酸酯涂料创造的薄膜具有柔软和温和的光泽，优异的耐候性，颜色持久性和良好的耐用性。

纯丙烯酸酯乳胶漆价格昂贵，因此经常以丙烯酸系列的单体为主要材料，与乙烯基等其他生产性能良好、价格合理的中档室内涂料，主要包括乙酸 - 丙烯酸酯涂料和苯丙涂料。

- 丙烯酸乳液涂料　丙烯酸酯乳液涂料是乙烯基乙烯丙基共聚物乳液涂料的简称。在耐碱、耐水性等方面均优于聚醋酸乙烯乳液涂料。

- 苯乙烯 - 丙烯酸乳液涂料　苯乙烯 - 丙烯酸乳液涂料是苯乙烯 - 丙烯酸共聚物乳液涂料的简称。其主要成膜物质是苯乙烯、丙烯酸酯和甲基丙烯酸的三元共聚物酸酯。其着色颜料中的白色原料一般采用金红石二氧化钛，具有良好的耐光性，添加膨胀剂颜料如沉淀硫酸钡和硅灰石粉末，提高其隐藏力和着色力。其耐碱性、耐水性和耐擦洗性以及耐久性均略低于纯丙烯酸酯乳液涂料，但优于其他室内涂料。

合成树脂乳液内墙涂料（乳液清漆）可用于混凝土、水泥砂浆、水泥型墙板和航空混凝土等基材。基材应洁净、平整、坚实，不能太光滑，以增强涂层与墙身的黏结力。基材的水分比应不大于 8%~10%，pH 应该在 7~10 的范围内，防止涂层因太多的水分和太多的强碱而变色、起泡、剥落。涂料施工的最佳天气条件是：温度 15~25℃；空气相对湿度 50%~75%。

12.6.1.2 水溶性内墙涂料

水溶性内墙涂料是以水溶性化合物为基本材料，加入一定量的填料、颜料和添加剂，经研磨和分散处理而成。属于低等级涂料，应用于普通住宅建筑的内墙装饰。它分为两种类型：一种可用于浴室和厨房内墙；另一种可用于建筑普通内墙。不同水溶性内墙涂料的技术质量要求应符合《内墙水溶性涂料》(JC 423—1991)中的规定，常用的水溶性内墙涂料包括聚乙烯醇硅酸盐内墙涂料（106内墙涂料）、聚乙烯醇内墙涂料（803内墙涂料），以及改性聚乙烯醇涂层。

12.6.1.3 多色纹理内墙涂料

多色纹理内墙涂料又称多色内墙涂料，是一种相对较新的涂料，由非混合连续相（分散介质）和分散相组成。其中，分散相具有两种或两种以上不同尺寸的彩色粒子，它们在含有稳定剂的分散介质中处于均匀和稳定的状态。在应用中，不同颜色的图案是通过喷涂不同的涂层技术来创造的。干燥后，它们成为多色纹理涂层。多色纹理内墙涂料具有以下特点：涂层具有优雅的色彩和光泽，丰富的三维立体感觉和良好的装饰效果；膜厚，质地坚实，弹性好，耐用，耐油，耐水，耐腐蚀，耐擦洗。适用于水泥混凝土、砂浆、石膏板、木材、钢、铝等各种面层，从内墙到建筑物天花板。

12.6.1.4 壁纸涂料

壁纸涂料是一种采用现代高新技术生产的环保型墙面装饰涂料。克服了普通乳胶漆颜色单一，没有立体视觉，以及壁纸容易变色，边缘翘开和鼓泡，有接头痕迹和使用寿命短等缺点。同时拥有乳胶漆和壁纸的优点，直接应用于墙面，通过特殊基材与卷材的微妙结合，使涂料达到丝绸般的效果。壁纸涂料的特点如下：

①壁纸涂料的主要原料采用天然贝类动物的表面壳，无毒无害，真正做到自然、环保。

②良好的结构性能；较强的隐藏能力；优异的耐水性和耐擦洗性；良好的透气性。

③可根据不同的客户需求进行个性化的图案设计，满足市场上的个性化需求。

④无缝连接，不褪色，不剥落，永不开裂，具有壁纸和涂料的优点。为墙身提供饱满立体的流状动感。

12.6.2 常用门、窗和家具用涂料

在装饰工程中，涂料也应用于门窗和家具，发挥装饰和保护的作用。涂层中的主要成膜物质是以油润滑脂、合成树脂或混合树脂为主，因此称为油漆。这类涂料品种繁多，性能各异，大多是用有机溶剂稀释（稀释），所以也叫有机溶剂型涂料。

12.6.2.1 油基涂料

油基涂料是以干油或半干油为主要成膜物质制成的。便于装饰涂料，透气性好，价格低廉，气味或毒性小；干燥固化后，其涂层具有良好的柔韧性。但其涂层干燥缓慢，且柔软强度弱，不耐研磨或抛光，具有弱高耐温和耐化学性。常用类型如下。

①熬油　是以桐油为主要原料，经加热聚合达到一定的稠度，然后加入干燥剂中。它干得快，薄膜又亮又有弹性，且相当柔软。可采用稀油做油基涂料、粘贴涂料、底漆和腻子。

②粘贴油漆　又称为铅油，是一种由干燥油、着色颜料和膨胀颜料一起研磨而成的厚糊。采用的干燥油应加热聚合，故又称聚合物油漆。应加入稀释剂和干燥剂，一般应加入一定量的煮沸桐油和松节油，使其稀释至可使用的稠度，用于底漆或制作腻子。

③油基混合涂料　是通过将干燥油和颜料研磨在一起，加入干燥剂和溶剂制成的，具有较强的附着力，薄膜不太可能剥离或剥落，开裂较少但它干得慢，因此应用于室外表面涂层。

12.6.2.2 天然树脂涂料

天然树脂涂料是将不同种类的天然树脂与干植物油混合制成，然后加入干燥剂、分散剂、颜料等。

①漆面漆　漆面漆也称为抛光或酒精清漆。它是通过在酒精中收集、加工和分解而成的干燥速度快。它的薄膜坚实而明亮。缺点是耐水

性弱，耐候性和耐碱性强，在遭受强烈阳光照射后褪色，在热水中浸泡后发白，可用于室内装饰。

②中国漆　中国漆又称土漆、天然漆或东方漆，分为生漆和加工漆，它是一种褐黄色的蒙古厚液，通过部分脱水和过滤漆树的汁液制成。其主要成分是复杂的醇酸树脂。它具有坚实和牢固的薄膜、强大的结合力和丰富的光泽，耐用，绝缘，耐热（250℃）和耐磨损，耐油，耐水和耐腐蚀。缺点是因为黏度高（特别是生漆），施工不方便；漆膜颜色深，易碎，不耐阳光直射，耐氧化或耐碱弱。生漆有毒，其漆膜干燥后粗糙，很少直接使用。生漆加工后，变成加工漆；或经过改性后，用来做不同种类的精制漆。加工漆应用于潮湿环境保护。漆膜光泽好，韧性好，稳定性高，耐酸性强，但干燥缓慢，甚至需要2~3周。精制漆包括中国漆－铜油混合物和清漆，其漆膜具有良好的韧性、耐水性、耐热性、耐久性和耐蚀性等性能。工艺漆具有很强的装饰性，适用于木材家具、工艺品等及一些建筑产品。

③清漆　是一种无颜料的油状透明涂层。它以树脂或油为主要成膜物质，由树脂、分散溶剂和干燥剂混合而成。当采用更多的油材料时，薄膜更柔软、更灵活、更耐用，弹性更丰富，但干燥更慢；当采用较少油材料时，薄膜更硬、更坚固、更明亮，干燥速度更快，但更脆，更容易开裂。油基清漆包括酯松香清漆、酚醛树脂清漆和醇酸树脂清漆等。

- 酯松香清漆　又称耐水清漆，是以甘油和甘油松香作主要成膜物质制成的。其薄膜光亮，耐水性好，但光泽度差，不耐用，干燥性能差，可用于木质家具、门窗、木板隔板等的涂装，也可用于金属表面的上光。

- 酚醛树脂清漆　以甘油和改性酚醛树脂为主要成膜物质。特点是干燥快，漆膜牢固耐用，光泽好，耐高温，耐水，弱酸碱，施工方便，价格低廉。缺点是薄膜干燥缓慢，颜色较暗，易发黄，不能用于砂光抛光，平整度和细度较差；干燥后涂层有轻微黏度。适用于内外木质制品和金属制品的表面涂装。

- 醇酸树脂清漆　以甘油和改性醇酸树脂分散在溶剂中为主要成膜物质。其性能优于酯松香清漆和酚醛树脂松香。薄膜干燥速度快，硬度高，绝缘性好；可用于抛光和砂光，色泽鲜艳，但薄膜脆，耐热性弱，耐候性差。主要用于门窗、木地板和家具，不适合户外使用。

- 硝酸清漆　是另一种清漆类型。它随着溶剂的挥发而干燥，没有复杂的化学变化。它是以硝化纤维素为主要成膜物质，加入合成树脂、增塑剂、溶剂和稀释剂。速干，有牢固的薄膜、亮度、耐磨性和耐久性等，但色牢度较弱。它是一种先进的涂层，可用于木材和金属表面的多层涂层，主要应用于门窗、高级建筑中的墙板和扶手。硝基清漆成本高；溶剂有毒，易挥发。在应用中，应特别考虑通风和劳动保护。

④搪瓷漆　搪瓷漆是在清漆中加入无机颜料制成的。漆膜光亮、坚硬，与瓷器的漆膜极为相似，因此又称为搪瓷漆。它有丰富的颜色、光泽，附着力强，可用于室内装饰和家具，以及外部钢和木制表面。常用的类型包括醇酸磁漆和酚醛磁漆。

⑤聚酯漆　聚酯涂料是以不饱和聚酯为主要成膜物质的高级涂料。不饱和聚酯干燥速度快；薄膜硬度高，耐磨性好，耐高温，耐冷，耐弱碱，耐溶剂。不饱和聚酯漆是由多种类型的部件组成的，只适用于静态和平面的装饰。如果应用于垂直表面、侧边和凹面等区域、凸线，它倾向于下垂和滴水；不允许采用紫胶清漆和紫胶腻子进行底漆，否则会降低薄膜的黏结力。

12.7　常用功能性建筑涂料

功能性建筑涂料是指除装饰外，还具有防水、防火、防霉、保温、隔音等特殊功能的涂料，也称为特殊涂层。建筑功能涂料要求具有良好的耐碱性、耐水性，与水泥面层或木质材料结合强度好，具有一定的特殊性能，方便施工和维修，并易于重新安装。常用的建筑涂料有防水涂料、防火涂料、防霉涂料、防腐涂料等。

12.7.1　防水涂料

防水涂料是将流体或半流体物质涂敷并在基层表面展开，经溶剂和水挥发后或通过材料之间的化学反应而形成不同成分，形成具有一定弹性和一定厚度的连续膜，使基层表面与水隔绝，达到防水和防潮功能。根据成型材料分为水沥青基层防水涂料和合成高分子防水涂料。

建筑防水涂料是指涂膜能够防止雨水或地下水渗漏的涂料，主要包括屋面防水涂料和地下工程，根据成膜物质的状态和成膜形式分为乳液型、溶剂型和反应型。

①乳液型防水涂料　为单组分涂料。在建筑表面涂漆后，薄膜随着水的挥发而形成。在建筑中释放溶剂，它安全无毒，无污染，不太可能燃烧。乳液型防水涂料包括乳液再生橡胶沥青防水涂料、阳离子氯丁橡胶乳胶沥青防水涂料、丙烯酸乳液沥青防水涂料，氯－部分共聚物乳液系列和近年来开发的乳液防水涂料等。

②溶剂型防水涂料　是以溶解在有机溶剂中的高分子合成树脂为主要成膜物质，加入颜料、填料和添加剂制成的。在建筑表面涂漆后，薄膜随着有机溶剂的蒸发而形成。具有良好的防水效果，可在较低的温度下施工成熟。然而，在建筑施工中，有许多可燃的、有毒的有机溶剂释放出来污染环境。溶剂型防水涂料包括氯丁橡胶防水涂料和氯丁橡胶、聚乙烯防水涂料。

③反应型防水涂料　是双组分涂料，其防水膜是通过成膜物质与涂料中固化剂的反应而形成的。它具有良好的耐水性、耐老化性和弹性，是一种性能优良的防水涂料，包括聚氨酯和环氧树脂系列。

12.7.1.1　水沥青基层防水涂料

水沥青基层防水涂料是以乳化沥青为基础材料和不同改性材料制成的水乳型防水涂料。常用水沥青基层的主要特点及应用如下：

①石棉乳化沥青防水涂料　是一种厚的防水涂料，是将熔融沥青加入石棉和水组成的悬浮液体中，并将它们激烈地混合在一起而成的，其基本特征如下。

- 厚防水膜　单位面积上需要大量的涂层，经过几次涂抹，厚度达到 4~8mm。
- 含有石棉纤维，在耐水性、抗裂性和稳定性等方面比普通乳化沥青强。但石棉纤维粉末对人们健康有害。
- 密封材料应用于结构接头区的嵌缝工艺。
- 需要适当的建筑温度　15℃以上是合适的，但在太高的温度下，它变得黏稠，阻碍施工；当低于 10℃时，它的成膜性能被削弱，不利于施工。
- 可供冷操作，适用于潮湿的基层，无毒无味。

②膨润土乳化沥青防水涂料　作为乳化沥青厚防水涂料，以优质石油沥青为基础材料，膨润土为分散剂，经机械搅拌加工而成。性能特征如下：

- 防水性能好，黏结性能强，耐热性强，耐久性好。
- 可供冷操作，适用于潮湿基层；操作简单方便；无污染。

③石灰乳化沥青防水涂料　以石油沥青为基料，石灰膏为分散剂，石棉为填充剂，生产出灰褐色浆厚防水涂料。基本特征如下：

- 较厚的涂层　单位面积需要大量的涂层。
- 在其应用之前，结构接头区域需要密封材料。
- 建筑温度范围 5~30℃。
- 原材料资源丰富，成本低。
- 沥青如不改性，在低温下酥脆易开裂，降低了防水工作的质量。
- 可供冷操作，适用于潮湿基层；操作简单方便；无污染。

12.7.1.2　合成高分子防水涂料

①聚氨酯防水涂料　是一种化学反应涂

料。经喷涂和涂刷后，由于其组分之间的化学反应，它直接从液体变为固体，形成相当厚的防水膜。涂层中溶剂较少时，薄膜体积略有收缩，具有良好的弹性、延展性和抗拉强度、耐候性和耐蚀性，对环境温差和基层变形具有较高的适应性。缺点是毒性大，无耐火性，成本高。

②聚氯乙烯弹性防水涂料　作为热塑性和热熔弹性防水涂料（简称PVC防水涂料），由基本材料（聚氯乙烯）、改性材料和其他添加剂制成。具有良好的弹性和延展性以及对基层结构变形的高度适应性，可用于相对潮湿的基层表面的冷操作。应用温度范围 -20~80℃，具有良好的抗霜、耐热、耐候、耐腐蚀性能，黏接性能好。它也可用于大面积施工，具有良好的整体防水性，特别适用于复杂结构区域的防水工作。

12.7.1.3　其他高分子防水材料

①高分子乳液建筑防水涂料　它包括以聚合物乳液为基本材料和其他添加剂生产的所有单组分水乳液防水涂料，主要用于屋顶、卫生间、地下室等的防水防渗工作。由于其无缝、封闭，特别适合于轻质薄结构的屋面防水工作；可用于混合不同颜色的涂料，不仅防水，而且隔热，并达到一定的装饰效果。

②硅酮防水涂料　作为一种水性或溶剂型硅酮防水剂，用于建筑表面。它是以硅烷和硅氧烷为主要基本材料制成的，主要用于多孔无机基层（如混凝土、瓷砖、黏土砖或石材等）的防水和防护工作。

③溶剂型橡胶沥青防水涂料　适用于建筑的防水防渗工作，具有黏结力强、拉伸力强、热绝缘和修补效果。可直接应用于砖、石、砂浆、混凝土、金属或木材等潮湿防水层。广泛应用于防水密封，新旧屋顶、地下室、外墙、管道等的装饰修补工作。

④聚合物水泥防水涂料　它具有耐水性、耐久性和耐水性，可直接与表面材料如瓷砖或石板等结合；可用于潮湿的基层表面；容易形成薄膜；无缝；要求施工周期短。主要应用于需要防水、防潮、防渗和修补工艺的区域，如屋顶、洗手间和地下室等。

图 12–1　防水涂料

12.7.2　防火涂料

防火涂料又称阻燃涂料。当油漆在建筑物的一些可燃材料表面时，它能够增强材料和防火性能，使人们有一定的时间扑灭火灾。防火涂料按其组成分为非膨胀涂料和膨胀涂料。非膨胀防火涂料由耐火或不燃树脂作为主要成膜材料。耐火树脂含有卤素、荧光粉和氮。如卤化醇酸树脂、聚酯、环氧树脂、氯化橡胶、氯丁橡胶、丙烯酸树脂乳液等，与阻燃剂混合，使涂层更难共涂。阻燃剂是为了增加薄膜的耐火性，包括荧光粉或卤素的有机和无机阻燃剂，如氯化石蜡、硼砂和氢氧化铝。无机颜料和填料一般具有防火性能，增强了涂层的耐火性和阻燃性。

膨胀防火涂料由不燃树脂、阻燃剂和成碳剂、脱水成碳催化剂和发泡剂等组成。涂层将在高温下膨胀，高温度创造碳泡沫层，厚度是以前涂层的几十倍，这有效地保护了基材，使其远离外部热源，从而阻止了火灾的进一步扩展。其防火效果优于非膨胀防火涂料。其主要成膜材料不仅在常温下具有良好的使用性能，而且对高温发泡具有适应性。常用的合成树脂包括丙烯酸树脂乳液、聚醋酸乙烯乳液、环氧树脂、聚氨酯和环氧树脂。成碳剂指在火焰和高温作用下快速碳化的物质，是形成碳化泡沫层的主要物质。常用的成碳剂是高碳含量的多元醇，如淀粉、季戊四醇和羟基有机树脂等。脱水成碳催化剂具有的主要功能是加速羟基有机化合物的脱水，产生不可燃的碳层。这种催化剂主要包括聚磷酸铵、磷酸氢二铵和有机磷等。发泡剂在涂层加热时释放出大量的灭火气体，使涂层能够膨胀并形成海绵细胞结构。这种药剂包括三氨胶、双氨胶、氯化石蜡、聚磷酸铵、硼酸铵和双氨胶甲醛树脂等。目前我国膨胀防火涂料的主要类型是膨胀丙烯酸乳液防火涂料，以丙烯酸乳胶为主要成膜物质，以碳酸铵、三氨胶、季戊四醇为防火发泡剂，以水为分散介质，然后加入不易燃颜料、填料、阻燃剂混合在一起。

图 12-2 防火涂料

复习与思考

1. 内墙涂料在环保方面有哪些要求？
2. 外墙涂料的性能和技术指标有哪些？
3. 简述防水涂料在室内装饰中的应用。

第13章
胶黏剂

随着化学工业的发展，胶黏剂的种类和性能有了很大的发展，胶黏剂已成为建筑工程中不可缺少的补充材料。它不仅广泛应用于建筑操作和内外装饰工程，如墙壁、地板和吊顶装饰中的黏接工作，也经常用于防水屋顶、防水地板、管道工程、新旧混凝土的黏结工作和金属构件和地基的修复工作等。也用于生产不同种类的新型建筑材料。

13.1 胶黏剂的成分

胶黏剂的主要成分包括黏合剂、固化剂、填料和稀释剂。

13.1.1 黏结剂

黏结剂是决定胶黏剂黏接性能的主要成分，又称基础材料。合成胶的黏结剂采用合成树脂、合成橡胶或它们的共聚物或混合物。用于结构受力区的胶黏剂主要采用热固性树脂，对非承重区域和变形较大区域的黏接剂主要采用热塑性树脂和橡胶。

13.1.2 固化剂

常用的固化剂包括胺、酸酐、大分子和硫。

13.1.3 填料

填料改善胶黏剂的性能，如提高强度、减少收缩和提高热稳定性。常用的填料有金属及其氧化物粉末、水泥、木棉和玻璃。

13.1.4 稀释剂

为了改善工艺性能（降低黏度）和延长使用寿命，经常添加稀释剂。稀释剂分为反应性和非反应性，前者参与固化反应，后者不参与固化反应，只有减薄功能。常用的稀释剂包括环氧丙烷和丙酮。

此外，还添加了其他添加剂，如挠曲剂、抗老化剂和增塑剂，以提供更优异的性能。

13.2 胶黏剂的分类

胶黏剂主要按胶黏剂的物理形式、设置方法和黏结材料分类。

13.2.1 根据胶黏剂中主要黏结剂的性质进行分类

胶黏剂主要分为七种类型。

①动物胶　血胶、骨胶、酪蛋白胶、乳酸等。

②蔬菜胶　纤维素衍生物、多糖及其衍生物、天然树脂、植物蛋白和天然橡胶。

③无机物质和矿物　硅酸盐和其他无机物、石油沥青和树脂等。

④合成弹性体　聚烯烃、卤代烃、硅和氟橡胶、聚氨酯橡胶和多硫橡胶等。

⑤合成热塑性材料　乙烯基树脂、聚苯乙烯、丙烯酸酯共聚物、聚酯和聚氨酯。

⑥合成热固性材料　环氧树脂、胺树脂、硅树脂、聚氨酯、酚醛树脂和呋喃树脂。

⑦热固性，热塑性材料与弹性体　酚醛复合结构胶黏剂、环氧复合结构胶黏剂和其他复合结构胶黏剂等。

13.2.2 根据胶黏剂的物理形式分类

胶黏剂按物理形式分为七种：无溶剂液体（代号 1）；有机溶剂液体（代号 2）；水基液体（代号 3）；软膏（代号 4）；粉末、粒状和块状（代号 5）；片层、薄膜、网状和带状（代号 6）；条形（代号 7）。

13.2.3 根据胶黏剂的设置方法进行分类

根据设置方法，胶黏剂分为十一类；低温硬化（代号 a）；常温硬化（代号 b）；加热硬化（代号 c）；适应不同温度的硬化（代号 d）；与水反应（代号 e）；厌氧设置（代号 f）；辐射（光、电子束、辐射）设置（代号 g）；熔化和冷却硬化（代号 h）；压力敏感黏附（代号 i）；凝固或团聚（代号 j）；其他（代号 k）。

13.2.4 根据化学形式分类

胶黏剂的种类分为二十二种：多种材料（代号 A）；木材（代号 B）；纸张（代号 C）；天然纤维（代号 D）；合成纤维（代号 E）；聚烯烃纤维（不包括 E 型，代号 F）；金属和合金（代号 G）；难以结合的金属（金、银、铜等，代号 H）；金属纤维（代号 I）；INO 有机纤维（代号 J）；透明无机材料（代号 K）；非透明无机材料（代号 L）；天然橡胶（代号 M）；合成橡胶（代号 N）；难以黏合的橡胶（伊立酮橡胶、氟橡胶和丁基橡胶，代号 O）；硬质塑料（代号 P）；塑料薄膜（代号 Q）；皮革、合成皮革（代号 R）；泡沫塑料（代号 S）；难以黏合的塑料和薄膜（氟塑料、聚乙烯和聚丙烯等，代号 T）；其他（代号 V）。

13.3 胶黏剂的性能

为了将材料牢固地黏合在一起，胶黏剂必须具有以下主要性能：

①良好的可制造性　如足够的流动性，以确保黏附的表面充分润湿处理；可调节黏度和硬化速度等。可制造性是胶黏剂黏接操作的一般评价。

②充分的黏接强度　是评价胶黏剂质量的主要性能指标。

③良好的耐久性和耐候性，不易老化。

④稳定性好，溶胀或收缩变形少。

⑤对人类健康没有危害　这是必须的。有害物质的含量限制应符合《室内整理材料胶黏剂中有害物质的限量》（GB 18583—2001）。

⑥其他性能　如热稳定性、化学稳定性和储存稳定性等。

13.4 黏结机理及影响黏结强度的因素

13.4.1 黏结机理

胶黏剂将相同或不同种类的材料牢固地黏合在一起的原因是它具有黏合力。一般认为胶黏剂与被黏物质间的界面结合力为机械结合力。

①机械连接　这种胶黏剂不会发生化学反应。当涂上胶黏剂时，材料的表面被湿处理并黏合在一起。

②化学反应　一些胶黏剂分子与材料分子反应并变硬，因此胶黏剂是结合在一起的。

③物理吸附能力　物理吸附力，即范德瓦尔斯力，存在于胶黏剂分子和材料分子之间，并将它们结合在一起。

实际上，在键合功率的性质上，当键合表面光滑致密时，键合功率通常来自物理吸附功率；当表面是多孔的，胶黏剂渗透到黏附的孔隙中，并在硬化后“镶嵌”在一起。同时，黏着物的粗糙表面扩大了接触面，提高了键合功率。

13.4.2 影响黏结强度的因素

黏接强度指单位黏接面积所产生的最大力，主要取决于胶黏剂的自身强度（黏接力）以及胶黏剂和胶黏剂之间的黏合强度。影响黏接强度的因素是影响黏接力的因素，主要包括：胶黏剂的表面状态和工艺黏合条件等。

13.4.2.1 胶黏剂表面状态

黏接剂的表面状态直接影响黏接力，对黏接强度有很大影响。

（1）表面清洁

黏着物表面要求清洁干燥，无油污或腐蚀性锈蚀或油漆残留。水、灰尘或附着物质，如油污、腐蚀铁锈等降低胶黏剂的润湿性，抵抗胶黏剂与胶黏剂表面的接触。这些物质的黏聚力远小于黏层，这很可能降低黏结强度。

（2）表面粗糙度

表面一定的粗糙度有助于扩大黏结面积，提高机械黏结力，防止黏结层微裂纹的扩展。但过高的粗糙度会影响胶黏剂的润湿性。特别是气泡很可能残留在表面的凹区，这可能会降低黏接强度。不同的胶黏剂类型要求不同的表面粗糙度。

（3）表面化学性质

不同材料的表面在氧化膜的张力、极性和

致密状态方面差异很大，这可能影响胶黏剂的润湿性和化学键的形成。

（4）表面温度

胶黏剂表面的一定温度会增加胶黏剂的流动性和润湿性，有助于增强黏合强度，但要求温度既不能太高也不能太低。

13.4.2.2 黏合的工艺条件

在黏接施工中，黏接剂表面清洁度、黏接层厚度、干燥时间和固化程度等工艺条件对黏接有一定的影响。

（1）表面清洁

在黏接前，要求仔细清洁黏接剂表面；清除水、油渍、锈渍和油漆残留物等物质，以确保黏接质量。

（2）黏合层的厚度

对大多数胶黏剂来说，黏结层越厚，黏结强度就越弱。一般无机胶层为 0.1~0.2mm 厚，有机胶层为 0.05~0.1mm 厚。具有较薄的黏接层，黏接表面的黏接力起主导作用。因为它往往比内聚力大，裂纹或缺陷不太可能出现，因此，黏接层的黏接强度提高。但是，如果胶层太薄，不充分的胶黏剂可能会降低黏接效果。因此，需要先用胶层充分均匀地覆盖材料，然后再使黏结层尽可能薄。

（3）干燥设定时间

胶黏剂需要足够的干燥设定时间，特别是含有稀释剂的胶黏剂在黏接前需要足够的干燥设定时间才能使稀释剂挥发，否则可能会出现孔隙并使黏合层松动，降低了黏接强度。

（4）固化程度

胶黏剂的固化需要三个因素，即压力、温度和时间，这被称为固化的三个因素。在固化过程中，一定的压力有利于胶水溶液的流动性和湿度。确保黏合层的均匀性和密度，并挤出气泡。温度是固化的重要因素。适当提高固化温度有利于大分子的渗透和扩散，有利于气泡的溢出，并有助于增加胶水溶液的流动性。较高的温度导致较高的固化速度。但是高温加速了固化过程，过高的温度不利于胶黏剂的润湿性，导致黏接强度降低。在固化温度下的一定时间有利于大分子的扩散黏附，这导致了充分的固化反应，增加了键合力。随着时间的推移，键合力的增长甚至更好。时间长短取决于胶黏剂的性能、固化温度、固化压力和固化速度。

（5）环境因素和联合形式

如果环境中的空气湿度较高，黏合层中的稀释剂不易挥发，很可能会出现气泡；空气中过多的灰尘或低温降低黏合强度。黏接接头形式多，对黏接强度影响较大。良好的黏接接头应符合这些要求：合适的接头长度和宽度，有足够的刚度和合适的黏合层厚度。因此，应力均匀分布在整个键合区域的表面，可以最小化或消除破坏由于应力集中引起的拉强度不均引起的黏着表面离子。

13.5 常用胶黏剂

目前，有许多不同类型的胶黏剂，具有不同的性能。如何选择合适的胶黏剂？材料的性能和环境条件是黏结质量的关键。下面介绍装饰施工中常用的几种胶黏剂。

13.5.1 热固性树脂胶黏剂

（1）环氧树脂胶黏剂（EP）

环氧树脂胶由合成树脂、固化剂、填料、稀释剂、挠曲剂等组成。随着配方的改进，生产了各种用途的不同胶黏剂。环氧树脂固化前为线性热固性树脂，其分子结构中具有极端活性的环氧基团和多种类型的极性基团，因此，它与许多类型的固化剂反应，并在网状三维结构中产生高分子聚合物。对金属、木材、玻璃、硬塑料和混凝土具有很高的黏合力，也称为万能胶。

（2）不饱和聚酯树脂胶黏剂（UP）

不饱和聚酯树脂制作过程为：不饱和二烷酸和饱和二烷酸与混合酸结合，混合酸与二氢醇反应生成线性聚酯，然后将线性聚酯与不饱和单体连接固化，制备热固性树脂，主要用于纤维增强塑料，还可黏结陶瓷、纤维增强塑料、金属、木材、人造大理石或混凝土。应用不饱和聚酯树脂胶黏剂的接头具有良好的耐久性和一定的强度，并且对环境具有高度的适应性。

13.5.2　热塑性合成树脂胶黏剂

（1）聚醋酸乙烯胶黏剂（PVAC）

聚醋酸乙烯胶乳（又称白色胶乳）是由醋酸乙烯单体、水、分散剂、聚合起动器等辅料通过乳液聚合法混合而成。非结构胶黏剂价格低廉，使用方便，适用范围广。它对不同种类的极性材料具有良好的黏合力，主要是用于黏合不同种类的非金属材料，如玻璃、陶瓷、混凝土、纤维织物和木材。它主要用于室温下的工程，如非结构胶黏剂，粘贴材料，如塑料壁纸、聚苯乙烯或软聚氯乙烯塑料板和塑料地板等。

（2）聚乙烯醇胶黏剂

聚乙烯醇是由醋酸乙烯酯水解而得的水溶液聚合物。这种胶黏剂可用于黏合木材、纸张和织物等。由于其热稳定性和耐老化性较弱，因此与热固性胶黏剂一起使用。

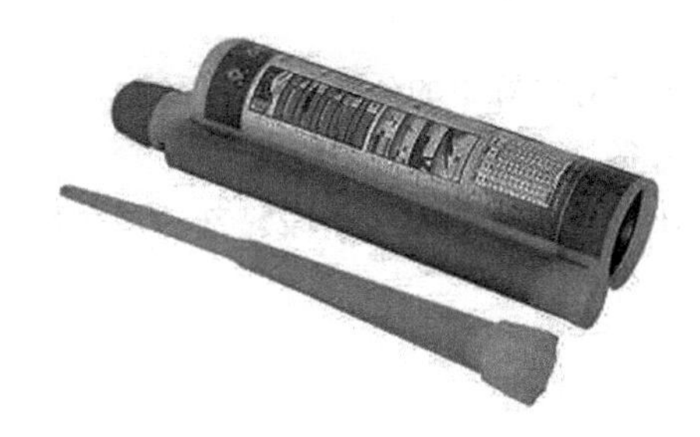

图 13-1　聚乙烯醇胶黏剂

13.5.3　合成橡胶胶黏剂

（1）氯丁橡胶胶黏剂（CR）

氯丁橡胶胶黏剂是广泛使用的橡胶胶黏剂中的一种溶液型胶黏剂。由氯丁橡胶、氧化镁、抗老化剂、抗氧化剂、填料等组成，混合后制成，在溶剂中分解。这种胶黏剂具有良好的耐水、耐油、耐弱酸、耐弱碱、耐脂肪烃和耐醇性，可在 -50~80℃条件下工作，具有相对较高的初始黏合力和黏合强度，但往往蠕变和容易老化。多应用于黏结结构或不同材料。为了提高胶料的性能，加入油溶性酚醛树脂制成氯丁橡胶酚醛胶黏剂，适用于金属和非金属材料的黏结品种，包括钢、铝、铜、陶瓷、水泥制品、塑料和硬质纤维板。施工中，用于在水泥砂浆墙面或地面上黏结塑料或橡胶制品。

（2）丁腈橡胶（NBR）

丁腈橡胶来源于丁二烯与丙烯腈的共聚反应。丁腈橡胶胶黏剂主要用于黏合橡胶制品，并将橡胶与金属、织物或木材结合。突出特点是耐油性好，剥离强度高。其接头具有良好的抗脂肪烃和非氧化酸的能力，同时具有较高的弹性，它更适合于黏合热膨胀系数变化很大的材料，如聚氯乙烯板和聚氯乙烯泡沫塑料。丁腈橡胶与其他树脂混合，可达到更高的强度和弹性。

（3）竹木胶黏剂

在建筑施工中，常用的竹木胶黏剂类型如下。

① 8109 胶黏剂　是尿素甲醛缩合物的水溶液，在应用中加入固化剂氯化铵。它具有常温固化等特点。

② 206 胶黏剂　以酚醛树脂为主要原料和一定量的固化剂制成。它具有常温固化和较强的黏结力等优点，但其产生的薄膜很脆。

（4）SJ-2 型水性胶黏剂

SJ-2 型水性胶黏剂是由醋酸乙烯 - 聚丙烯酸酯乳液和助剂组成的胶液。它具有室温干燥、应用方便、初始黏合力好、刷性好等特点。

（5）陶瓷瓷砖和大理石胶黏剂

瓷砖和大理石的胶黏剂主要用于铺设和粘贴以及指向接头。施工中常用的类型如下。

① JDF-503 普通陶瓷瓷砖胶黏剂　是用聚合物改性水泥制成的粉末。它具有耐水性强、耐久性好、操作方便、价格低廉等特点，可用于铺设和粘贴瓷砖。

② JDF-505 多色指向剂　是瓷砖胶黏剂的辅助产品。它的颜色不同，不太可能开裂，防水，无毒，无味。

③双组分 SF-1 型装饰石材胶黏剂　以可溶性硅酸盐为主要原料，加入改性剂、硬化剂、添加剂和填充剂，采用一定工艺对双组分 SF-1 型装饰石材胶黏剂进行加工。专门用于装饰石材。

（6）专用于玻璃和有机玻璃的胶黏剂

在建筑工程中，玻璃和有机玻璃常用的胶黏剂主要包括以下类型。

① AE 室温固化透明丙烯酸酯胶黏剂　简称 AE 胶黏剂，是一种无色透明黏剂，室温下液体干燥速度快，一般在 4~8h 内完全黏固。它与有机玻璃几乎处于相同的发光度和折射系数。它具有黏接强度高、透光率高、操作简单等特点。

②有机玻璃胶黏剂　是一种无色透明胶体液体。耐水、耐油、耐弱酸、耐盐雾，适用于有机玻璃制品或纤维素的黏合产品。

（7）橡胶防水卷材胶黏剂

橡胶防水卷材胶黏剂包括多种类型。最常用的是氯化乙丙橡胶胶黏剂。采用氯化乙丙橡胶为原料，甲苯作为溶剂，加入一定量的添加剂，如增强剂、交联剂和软化剂。具有黏接性能好、耐候性好、耐臭氧等特点，耐老化、耐水、耐化学介质，主要应用于乙丙橡胶卷材作为建筑防水材料。

（8）混凝土界面胶黏剂

混凝土界面胶黏剂是用于普通混凝土、水泥砂浆、面砖等表面处理或补强处理的胶凝材料。建筑工程中常用的类型包括以下几种。

① JD-601 混凝土界面胶黏剂　是一种聚合物乳液混合物，用于增强混凝土表面的附着力，大大提高了砂浆与新旧混凝土之间的黏结力。它取代了传统的绿色切割和黑化等工艺方法，不仅避免了抹灰砂浆的空鼓、脱层或松散黏结等缺陷，同时也提高了工程质量，加快了施工进度，降低了施工费用。

② YJ-302 混凝土界面处理剂　是应用于新旧混凝土及饰面砖板（如瓷砖、玻璃马赛克和大理石等）。提高水泥砂浆与上述材料的黏结力，从而解决抹灰砂浆空鼓等问题。

胶黏剂在室内装饰的应用十分广泛，是工程中不可缺少的材料之一。它不但广泛应用于建筑施工及建筑室内外装修工程中，如墙面、地面、吊顶工程的装修黏结，还用于屋面防水、地下防水、管道工程、新旧混凝土的接缝以及金属构件及基础的修补等，还可用于生产各种新型建筑材料。

复习与思考

1. 简述胶黏剂的分类和选用原则。

2. 简述天然胶黏剂的种类。

3. 简述热塑性高分子胶黏剂的种类和适应范围。

第14章
实例应用分析

通过本项目的学习，使学生掌握居住空间材料应用与分类的基本技能，使其设计居住空间时，能够正确地运用和选择材料，以便较好地适应从事室内设计工作的需要，同时为后续课程的学习打下坚实的基础。

14.1 房型分析

该户型从原始平面图上看为不标准的“三室一厅一厨一卫”的小户型。整体布局区域划分基本合理，可改造性意义不大。唯一的缺点就是厨房及餐厅过于狭小。这对于追求“完美”生活品质的高收入家庭而言，基本是难以接受的。因此本案的设计重心将是厨房及餐厅的改造上。

14.2 设计思路

本项目的设计理念是简约大方。在材料应用上力求做到既有大气整体布局，又有个人偏爱的“情趣化”设计。体现简约而不简单的宗旨，可以采用素色或单色的墙装材料营造简约、温和的家居氛围。通过家居和配饰丰富家居。

14.2.1 材料色彩的选择与搭配

居室色彩设计在贴合业主爱好的同时，选择浅色调、中间色作为家具及床罩、沙发、窗帘的基调。这些色彩因有扩散和后退性，给人以清新开朗、明亮宽敞的感受。当整个空间有很多相对不同的色调安排时，房间的视觉效果大幅提高。因业主是高收入的知识分子家庭，所以我们选择了颜色较为干净的白色作为基调。

14.2.2 家具要轻灵

小户型里家具的形式和尺寸直接影响我们的空间感受。造型简单、质感轻、小巧的家具，尤其是那些可随意组合、拆装、收纳的家具比较适合小户型。本项目由于空间较小，所以我们比较注重立体空间的运用。通过材料的选择提高空间实用度。

在平面布局上，小户型的设计通常以满足实用功能为先。在小户型的居室内，应尽量避免绝对空间的划分，比如一个完全独立的玄关会占去客厅的不少空间，可以利用地面、天花的不同材质、造型，以及不同风格的家具以示空间的分区。

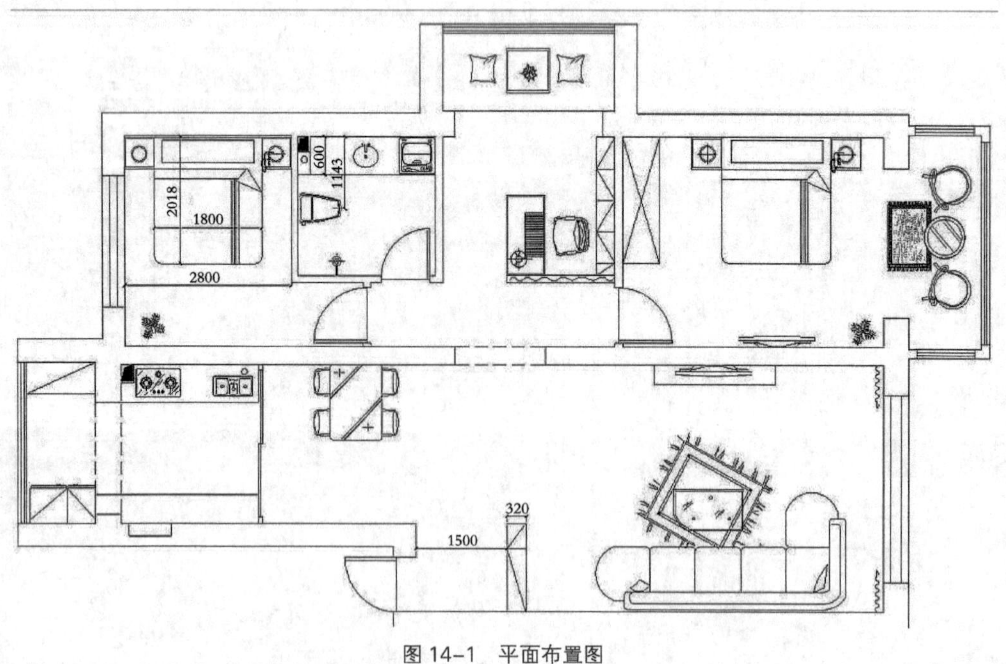

图 14-1　平面布置图

图 14-2 客厅玄关

14.3 项目材料使用分析

在明确项目空间功能分区的基础上，按家居的空间装饰部位分为地面铺装材料、墙面材料进行分析。

14.3.1 地面铺装材料选择

地面材料的选择应关注家装的整体风格，本户型的卧室、厨房和卫生间相对于其他区域比较独立，所以选择地面材料也不太受其他区域风格的影响。

（1）主卧

主卧完全衬托了一个主题——简单就是美。在铺装实木地板的地面上设置素净的双人床、简单的衣柜、一个设计独特的阳台休息区。整个卧室的布局力求做到精益求精，每一处的布置都彰显着主人的尊贵身份和设计师的良苦用心。

（2）书房

书房是业主的办公天地。日常的办公、学习都可以在这个宁静的房间里进行，即使有客人拜访，也能从容地将他们请到自己的书房来洽谈，而不至于打扰了家人的娱乐和休息，完全现代化办公的家居设计，即使在家里也能轻松应对工作。

图 14-3 书房效果图

（3）客厅、餐厅

对于客厅就需要考虑其他区域的风格了，特别是如果家里的餐厅与客厅相连。

客厅、餐厅和贯穿整个房间的走道通过仿理石地砖糅合在一起，形成你中有我、我中有你的超大空间。让业主在房子里充分感受家的“博爱”与“温馨”。电视柜采用现代家居款式为业主量身定做，力求做到目前流行的“简约而不简单”的家居设计理念，再配合地砖上墙的经典而尊贵的电视背景面，加上一套棕色的现代派组合式沙发和茶几，顿时令整个空间充满了现代的勃勃生机和尊贵享受的惬意感觉。

图 14-4 客厅餐厅效果

（4）厨房、卫生间

在厨房、卫生间做好基层防水施工的同时，也要做好面层的铺设。本项目中采用了釉面砖作为地面铺装材料。

14.3.2 墙面材料选择

室内视觉范围中，墙面和人的视线垂直，处于最为明显的地位，同时墙体是人们经常接触的部位，所以墙面的装饰对于室内设计具有十分重要的意义。用于室内装修的墙面材料很多，墙面材料可兼顾装饰室内空间、满足使用要求和保护结构等多种功能，每个家庭可根据自己的不同喜好来选择墙面材料，选择时须考虑美观、耐用、环保等因素。本项目的墙面装饰材料有壁纸、装饰玻璃。

考虑到墙面装饰的整体性和艺术性，客厅和卧室选择了乳胶漆和壁纸作为墙面装饰料；墙面装饰的物理性能要求卫生间和厨房的墙面具有防水、防潮等功能。厨房选择了釉面砖作为墙面材料；卫生间选择了釉面砖和半亚光砖作为墙面装饰材料。

（1）天花装饰及造型

室内吊顶是室内设计中经常采用的一种手法，人们的视线往往与它接触的时间较多，因此吊顶的形状及艺术处理很明显地影响着空间效果。天花板的装修材料是区分天花板名称的主要依据，主要有：轻钢龙骨石膏板天花、石膏板天花、夹板天花、异形长条铝扣板天花、方形镀漆铝扣板天花、彩绘玻璃天花等。本项目有三个地方要考虑安装天花板，一是客厅，二是卫生间，三是厨房，这时，天花板的选择就要好好考虑了。

（2）客厅

客厅的装饰设计，天花与吊顶是重要内容之一。客厅天花具有划分空间功能、丰富空间层次的作用。本项目充分考虑到户型和房间高度，以小面积的石膏板作为局部吊顶，并配以暗藏灯和吊灯来丰富空间层次和烘托室内气氛。

（3）厨房

厨房天花是人们容易忽视的一个环节，与客厅、卧房的天花一样，除了在款式和风格上需要斟酌外，厨房天花吊顶实际上还有更高的要求。材料有很多种，常见的一般有三类：即铝扣板、铝塑板及PVC塑料扣板。在我们的项目中，厨房天花的设计虽然不像墙面或地板的使用接触多，但是在整体空间的搭配上，却能起到画龙点睛的效果。因此，本项目中选择PVC板作为吊顶材料，在板材上嵌入灯管，兼具造型与照明效果。

（4）卫生间

本项目卫生间的天花选择的是镂空花型。卫生间在安装天花板后，房屋的空间高度会降低很多（将楼上的下水管道封在天花板上），在洗澡时，尤其是冬天，水蒸气向周围扩散，如果空间很狭窄，人就感到憋闷，这时，镂空花型的天花板就会发挥很好的作用，它会使水蒸气没有阻碍的向上蒸发，同时又因为它有薄纸一样的隔离层，使上下空间的空气产生温差，水蒸气上升到天花板上面后，很快凝结成水滴，又不会滴落下来落在人身上。可谓起到了双重功效。

14.3.3 实践

要求学生到室内装饰材料市场和室内装饰建筑工地进行调查和实践，了解价格、种类、性能和应用状况等。介绍室内装饰材料的组成、分类、性能及应用。在教学中，要求学生掌握组件和装饰材料的特点，并学会用他们所学的知识解释材料的性能、特点和应用注意事项；在实践中，他们还需要掌握常用装饰材料的名称、性能、应用和要求，结合其在施工实践中的应用。

（1）室内装饰材料市场调查与分析

学生3~5人一组，收集材料样本；

学生10~15人一组，在教师或现场负责人的指导下，介绍和解释适合施工现场的施工实践中材料的应用状况。

（2）实习内容及要求

①认真完成研究日记；

②撰写研究报告；

③撰写实践总结。

（3）该项目所使用的室内装饰材料（表14-1）

表 14-1 材料说明

序号	项目名称	任务名称	材料名称	单位	规格型号	品牌	产地	等级	单价
1	地面	客厅地面	仿理石地砖	m^2	钻晶 A+008	生活家	广东	A 类	289 元 /m^2
			玻化砖	片	YG803902（800×800）	东鹏	广东	优	280 元 / 片
		厨房餐厅地面	釉面砖	片	MNLS-3F205M-CZ（300×300）	蒙娜丽莎	广东	优	15 元 / 片
			釉面砖	片	MNLS-3F253M-CZ（300×300）	蒙娜丽莎	广东	优	15 元 / 片
		卧室地面	地板	m^2	远古黄花松木地板（805×125×12.2）	大自然	广东	A 类	150 元 /m^2
			玻化砖	片	G800147	东鹏	广东	优	189 元 / 片
		卫生间地面	仿古砖	片	东鹏古韵石仿古砖（500×500）	东鹏	广东	优	47 元 / 片
			釉面砖	片	金意 KGFA333513（330×330）	金意	广东	优	20 元 / 片
		书房地面	地板	m^2	远古黄花松木地板（805×125×12.2）	大自然	广东	A 类	150 元 /m^2
			仿古砖	片	JQ-A1	鹰排	广东	优	300 元 / 片
2	墙面	客厅墙面	乳胶漆	桶	A9977-65000（18L）	多乐士	广州	优	730 元 / 桶
			壁纸	卷	10963（10×0.52）	欧雅	上海	优	160 元 / 卷
		厨房餐厅墙面	釉面砖	m^2	45678（300×450）	诺贝尔	杭州	A	360 元 /m^2
			釉面砖	m^2	15111（300×450）	诺贝尔	杭州	A	310 元 /m^2
		卧室墙面	乳胶漆	桶	A9977-65000（18L）	多乐士	广州	优	730 元 / 桶
			壁纸	卷	111103（10×0.52）	欧雅	上海	优	95 元 / 卷
		卫生间墙面	釉面砖	m^2	YF633401（300×600）	东鹏	广东	优	170 元 /m^2
			半亚光砖	m^2	塞尚·印象 Q42618（250×400）	诺贝尔	杭州	A	124 元 /m^2
		书房墙面	乳胶漆	桶	A9977-65000（18L）	多乐士	广州	优	730 元 / 桶
			壁纸	卷	gl33105（10×0.52）	欧雅	上海	优	108 元 / 卷

参考文献

艾尼・努尔塔扎，2011. 建筑装饰中新型环保材料的使用 [J]. 装饰理论（05）：18–18.

陈涛，2004. 民用建筑工程室内环境污染控制 [D]. 重庆：重庆大学 .

杜志芳，2009. 民用建筑室内环境污染与控制的研究 [D]. 北京：华北电力大学 .

樊学娟，2004. 室内空气中常见有害气体治理技术的实验研究 [D]. 北京：华北电力大学 .

高星，2012. 装饰材料在室内设计中的应用分析 [J]. 城市建设理论研究（09）：1–3.

韩旭彤，2015. 绿色装饰材料在酒店设计中的应用研究 [D]. 长春：吉林建筑大学 .

侯建设，2003. 建筑装饰行业室内绿色施工初探 [J]. 建筑施工（04）：51–52.

胡应鹏，2004. 浅谈绿色建筑与装修 [J]. 四川省土木建筑学会科技论坛（Z1）：74–75.

姜海鸥，2007. 室内空气循环净化装置的研发 [D]. 北京：北京工业大学 .

李利军，2008. 施工过程中产生的室内环境污染问题研究 [D]. 上海：同济大学 .

李雪，2011. 绿色建筑及绿色建筑的发展现状 [J]. 中国对外贸易（24）：43.

梁旻，胡筱蕾，2010. 室内设计原理 [M]. 上海：上海人民美术出版社 .

刘锋，2003. 室内装饰材料 [M]. 上海：上海科学技术出版社 .

刘书芳，郭金敏，2000. 我国建筑装饰材料的发展趋势 [J]. 资源节约和综合利用，1：51–53.

刘志明，2006. 绿色建筑与环保装修之探讨 [J]. 四川建材，32（2）：67–69.

卢安・尼森，雷・福克纳，萨拉・福克纳，2004. 美国室内设计通用教材下册 [M]. 上海：上海人民美术出版社 .

卢扩，2006. 浅谈室内装饰材料的特征、要求与选择 [J]. 广东建材（11）：108–110.

卢燕，2014. 室内设计中建筑装饰材料的应用 [J]. 四川水泥（12）：277.

秦晋蜀，2004. 室内环境污染的危害探讨 [J]. 重庆建筑（04）：55–57.

宋广生，李泰岩，2011. 低碳家庭装饰装修指导手册 [M]. 北京：机械工业出版社 .

王少南，2003. 美国建筑装饰材料的现状及发展趋势 [J]. 建材发展导向（06）：59–66.

王小溪，2011. 装饰材料的文化表现和运用 [D]. 西安：西安建筑科技大学 .

袭著革，李官贤，2004. 室内建筑装饰装修材料与健康 [M]. 北京：化学工业出版社 .

肖雄伟，2015. 装饰材料在建筑设计中的可持续运用研究 [D]. 长沙：湖南师范大学 .

徐静凤，2006. 城市生态人居环境营造的研究 [D]. 南京：南京农业大学 .

杨峰，2003. 识别有害建材的常用方法 [J]. 吉林建材（03）：51–52.

杨晓丹，2005. 基于人性化设计观念的城市住宅室内设计的研究 [D]. 南昌：南昌大学 .

张素丽，2007. 建筑装饰装修若干因素对室内污染物浓度影响的研究 [D]. 天津：天津大学 .

张轶，李亚军，2008. 论材料在室内设计中的重要作用 [J]. 艺术与设计（理论）（04）：99–101.